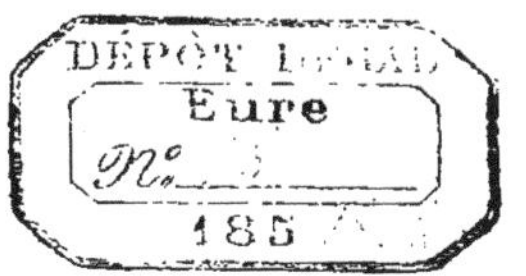

LE DROIT HUMAIN

CODE NATUREL

DE LA

MORALE SOCIALE

Γνωθι σεαυτον. — Homme, connais-toi.

ORGANOGRAPHIE DE LA CÉPHALOMÉTRIE

INDICATION DE LA SAILLIE DES ORGANES : 1 très-petite ; — 2 petite ; — 3 ordinaire ; — 4 grande ; — 5 très-grande ; — 6 trop grande ; R renflée, — D déprimée.

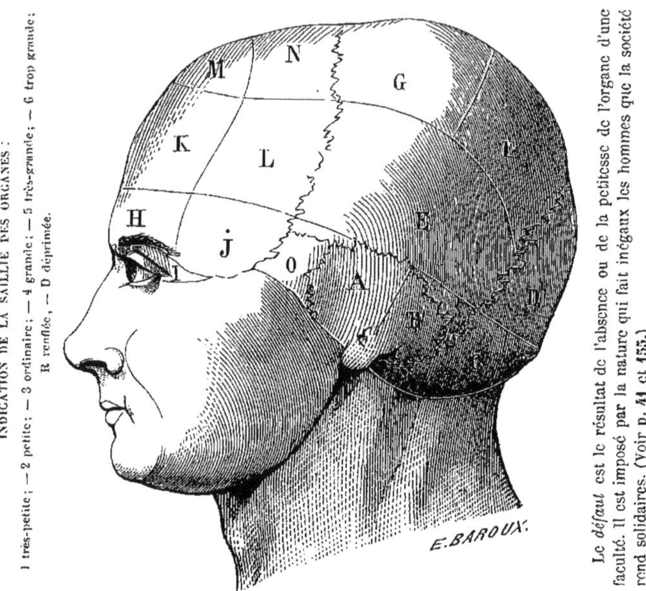

Le *défaut* est le résultat de l'absence ou de la petitesse de l'organe d'une faculté. Il est imposé par la nature qui fait inégaux les hommes que la société rend solidaires. (Voir p. 11 et 155.)

FACULTÉS PRIMITIVES qui, comme des couleurs premières, agissant ensemble dans des proportions différentes, produisent des nuances innombrables.

Guidés par la Raison, tous les instincts des hommes sont des vertus ; sans ce guide naturel, ils se vicient et deviennent la source des passions dangereuses.

Instincts.

Sous les temporaux, ou os de l'instinct de l'amour de la vie.

A ALIMENTIVITÉ : se nourrir.

B DÉFENSIVITÉ : se défendre et attaquer.

Sous l'occipital, ou os de l'instinct de l'amour des autres.

C AMOUR : génération.

D SYMPATHIE : attachement aux personnes, aux choses.

Sous les pariétaux, ou os de l'instinct de l'amour de soi.

E CIRCONSPECTION : peur qui fait regarder, fuir et se cacher.

F FIERTÉ : émulation, ambition.

G PERSÉVÉRANCE : force de caractère.

Du mariage de *l'esprit* avec *l'intelligence* naît la *Raison*, source du progrès, guide naturel des instincts des hommes.

Raison.

Sous le frontal, ou os de la Raison.

1° Intelligence.

H CONFIGURATION : sens et mémoire des formes, base de l'observation.

I MÉMOIRE DES SONS : mots, bruits.

J HARMONIE : faculté d'associer, pour les compléter, les idées, les produits de toutes les sensations. (L'ouïe, le toucher, la vue, l'odorat et le goût ont leurs organes sur le sphénoïde **O**, ou os des sensations.)

2° Esprit.

K PÉNÉTRATION : comparaison.

L IMAGINATION : supposition, fiction, recherche des causes.

M ÉQUITÉ : sens du juste et de l'injuste.

N RESPECT : amour du beau, du vrai, du juste.

La **MORALE** est tout entière dans la direction des instincts, qui sont : amour de la vie, de soi, des autres, par la Raison qui est la connaissance et l'amour du beau, du vrai, du juste. L'harmonie de ces six amours est, pour l'homme : la perfection, le bonheur.

LE DROIT HUMAIN

CODE NATUREL

DE LA

MORALE SOCIALE

EXPLIQUÉ PAR LA CÉPHALOMÉTRIE

ET MIS A LA PORTÉE DE TOUT LE MONDE

PAR

ARMAND HAREMBERT

AUTEUR DE LA NOUVELLE ORGANOGRAPHIE DU CRANE HUMAIN OU LA CÉPHALOMÉTRIE : PHRÉNOLOGIE RECTIFIÉE, SIMPLIFIÉE ET APPLIQUÉE A L'ÉDUCATION

L'ère glorieuse approche où la philosophie et la morale seront fondées sur la phrénologie.

BROUSSAIS, 1836.

Il est un livre merveilleux écrit en caractères longtemps inconnus sur la terre, dans lequel, après un grand travail, je suis parvenu à lire couramment le code sublime de la morale : ce livre, c'est le cerveau de l'homme; son auteur, c'est Dieu.

A. HAREMBERT. (*Extrait d'un article publié en* 1858 *par l'*AMI DES SCIENCES.)

Le principal but de la céphalométrie est, non de juger des hommes faits, mais d'enseigner à se connaître soi-même et à faire, par une éducation scientifiquement rationnelle, des hommes selon le vœu de la nature.

A. HAREMBERT. (*Discours au Congrès scientifique de France à Cherbourg*, 1861.)

Le progrès de la science est compromis si nous ne revenons aux longues réflexions, si chacun croit remplir les devoirs de la vie en ayant, à l'aveugle, sur toutes choses, les opinions d'un parti; si la légèreté, les opinions exclusives, les façons tranchantes et péremptoires viennent supprimer les problèmes au lieu de les résoudre.

Ernest RENAN, membre de l'Institut. (1862.)

PARIS

DENTU, LIBRAIRE, PALAIS-ROYAL

LIBRAIRIE CENTRALE DES SCIENCES
Rue de Seine-Saint-Germain, 13

VASSEUR, ANATOMISTE
PRÉPARATEUR DE L'ÉCOLE DE MÉDECINE
Rue de l'École-de-Médecine, 2

1862

PRÉFACE

> Je suis de ceux qui pensent, avec Bayle, que l'esprit humain ne peut jamais abdiquer; je suis de ceux qui croient que son examen est de tous les temps, de tous les pays, de toutes les matières, qu'il est perpétuel, permanent, imprescriptible.
>
> LIOUVILLE.

> Le progrès de la science est compromis si nous ne revenons aux longues réflexions, si chacun croit remplir les devoirs de la vie en ayant, à l'aveugle, sur toutes choses, les opinions d'un parti; si la légèreté, les opinions exclusives, les façons tranchantes et péremptoires viennent supprimer les problèmes au lieu de les résoudre.
>
> Ernest RENAN, membre de l'Institut. (1862.)

Il y a une vingtaine d'années, un des princes de la science officielle entra dans un salon au moment où je venais d'y produire et d'y expliquer des phénomènes de magnétisme humain que je dégageais, autant que possible, du merveilleux dont on aime trop à les entourer. Je saisissais alors toutes les occasions d'étudier, par des expériences personnelles, cette science occulte dont tout le monde parlait et que, contrairement à tant d'autres, je n'avais point voulu juger sans connaissance de cause.

— Vous croyez au magnétisme ? me dit le savant.

— Oui et non, répondis-je; je crois aux phénomènes que je produis : sommeil, insensibilité, somnambulisme, transmission de pensées et de sensations, catalepsie, etc. ; je ne crois point à tout ce que disent et prédisent les somnambules impressionnés par des idées et des images que des personnes dans l'erreur peuvent leur communiquer, même à leur insu.

Mon interlocuteur m'avoua franchement alors que, ne pouvant admettre ce qu'il savait impossible et ne voulant pas douter de ma bonne foi, il était obligé de croire que mon imagination me rendait visionnaire.

— Les découvertes les plus importantes, lui dis-je alors, sont souvent celles qu'on admet le plus difficilement. Si la science de Galilée a pu, sans danger pour le triomphe de la vérité, se répandre malgré ceux qui la condamnèrent, il n'en serait pas de même du magnétisme qui, mal étudié, mal enseigné, pourrait produire de faux miracles, de nouvelles superstitions dangereuses, difficiles à déraciner [1]. Permettez-moi,

[1] Les spiritistes, esclaves de leur imagination égarée par les illusions du magnétisme dont les phénomènes non expliqués ont causé la grande folie des

monsieur, de prouver cette assertion en répétant devant vous des expériences assez remarquables sur une somnambule que ces dames m'ont présentée et dont elles viennent d'admirer la lucidité.

Mais avec un air de supériorité, que jusqu'à ce moment il n'avait pas cru devoir prendre devant des femmes de son intimité, au milieu desquelles nous nous trouvions, le savant prononça ces paroles significatives : *Monsieur, je ne veux point voir, parce que je ne veux point croire.*

Je compris alors combien de vérités utiles pouvaient languir dans les cachots d'un despotisme qu'un instant auparavant, respectueux et timide, je croyais impossible.

A partir de ce jour, je me vouai à l'examen des

tables tournantes (voir p. 145, MAGNÉTISME, et p. 149, TABLES TOURNANTES), des esprits frappeurs, des médiums, ont pris pour des révélations divines leurs propres rêveries que leurs prophètes reproduisent par transmission de pensée Loin de prendre la devise de la céphalométrie : *Science du réel, foi au probable, oubli de l'absurde*, ils basent leur religion nouvelle, qui n'est autre que le catholicisme moins *l'éternité des peines* et le *hors de l'Église point de salut*, sur le principe suivant : « l'âme « incarnée ou non incarnée est toujours unie à un corps éther-aromal qu'on « appelle périsprit. Le périsprit a la forme du corps humain dans lequel il « pénètre avec l'âme au moment de la naissance. Après la mort, l'âme reste « unie à son périsprit qui est *visible* pour quelques *médiums*. A mesure « que l'âme s'élève vers Dieu en se perfectionnant par l'éducation et l'ac- « complissement des devoirs religieux, son périsprit devient de plus en plus « beau, impondérable, éthéré, lumineux. Dès qu'il habite les régions « solaires, il n'a plus besoin de se réincarner. » (*La Religion de l'Harmonisme*, Paris, 1862.)

sciences repoussées par l'Académie et je commençai ma révolte, avec plus de courage peut-être que de force, par l'étude de la phrénologie, que, malgré de nombreux partisans, malgré le succès du cours fait en 1836 par le célèbre Broussais, professeur à la Faculté de médecine de Paris, les immortels avaient la prétention de faire mourir en lui refusant leurs lumières.

Le cours de Broussais, imprimé en 1836, m'apprit ce qui suit : il y a vingt-trois siècles, Pythagore enseignait que l'âme végétative et l'âme sensitive étaient dans le corps, mais que dans la tête était la partie la plus sublime de l'homme, l'âme rationelle. Ce fut aussi l'opinion de Démocrite, et de Platon, qui pensa que la puissance agissant sur le cerveau était tirée du ΠΝΕΥΜΑ, âme universelle, mouvement de vie animant la nature entière.

Aristote considérait le ventricule antérieur du cerveau, qu'il supposait correspondre au front, comme le siége du sens commun. Il plaçait ensuite l'imagination, le jugement et la réflexion dans le second ventricule, communiquant avec le premier par une petite ouverture donnant passage aux impressions transmises par les cinq sens.

Ces notions passèrent de siècle en siècle jusqu'à l'école d'Alexandrie.

Dans l'ancienne Grèce, ces tendances à la localisation n'étaient pas bornées aux philosophes; les sculpteurs et les peintres les avaient aussi. Ils représentaient le génie, la science, la sagesse avec un front saillant et élevé; quand ils n'avaient pour but que de montrer la force musculaire, ils faisaient de gros muscles et une tête petite.

Gall encore enfant remarqua que, parmi ses camarades d'école, ceux qui avaient les yeux gros apprenaient plus facilement leurs leçons que ceux dont la configuration était opposée. Lorsque plus tard il étudia l'anatomie, il constata qu'il y avait un rapport entre les saillies de la surface du crâne et celles de la substance cérébrale. (Voir p. 79, Sinus frontaux.) Il étudia toutes les opinions déjà émises sur les fonctions du cerveau, et bientôt il conçut la possibilité de rectifier les théories régnantes sur les facultés intellectuelles et morales.

Lorsqu'il eut réuni un assez grand nombre de faits, il harmonisa son système, qu'il vint enseigner à Paris.

Basés sur l'anatomie, appuyés par une dissection du cerveau plus significative que celle qu'on avait faite avant lui, ses enseignements frappèrent les savants. Il démontra qu'il faut suivre le cerveau dans la direction de ses fibres et ne pas se borner à décrire ce qu'on observe dans des coupes arbitraires. Il insista surtout sur la nécessité de suivre le développement du cerveau depuis l'état d'embryon jusqu'à celui d'adulte.

Toutes les idées de Gall furent adoptées.

Mais, dit Broussais, le grand guerrier, le grand politique, le grand administrateur qui gouvernait alors la France montra quelques répugnances pour les travaux qui tendaient à analyser les facultés de l'homme et à les réduire à des éléments simples. Craignant pour son époque les conséquences de ces sortes de travaux, il supprima l'Académie des sciences morales et politiques, rétablie depuis, et prononça la proscription du système de Gall[1].

Je laisse parler Broussais :

« On a cherché à vérifier si les assertions de Gall étaient justes, et en le faisant on a découvert quelques organes que Gall n'avait pas aperçus ou sur lesquels il était resté en doute.

[1] On lit dans le *Mémorial de Sainte-Hélène* le passage suivant : « J'ai beaucoup contribué à perdre Gall. Corvisart était son grand sectateur ; lui et « ses semblables ont un grand penchant pour le matérialisme : il accroîtrait « leur science et leur domaine. »

L'empereur, qui ne craignait peut-être que certaines innovations, n'admit point non plus le projet de Fulton pour l'établissement des bateaux à vapeur; mais la science accumule les faits, les preuves, et sait aussi remporter des victoires.

« Gall était parti des faits les plus vulgaires; ainsi, en observant des gens qui retenaient bien leurs leçons, il avait dit : *mémoire des mots*; en remarquant des gens qui avaient de la tendance à établir des comparaisons, il avait dit : *sagacité comparative*. En observant que les voleurs déterminés, ceux qui offraient le penchant à un point très-éminent, au point de ne pouvoir le comprimer, avaient une certaine portion du cerveau très-développée, il avait nommé cette partie : *organe du vol*; il en avait fait autant pour l'organe qui paraît souvent saillant chez les assassins, et il l'avait appelé : *organe du meurtre*. Il créa ainsi plusieurs dénominations qui furent prises en mauvaise part, et d'autres qui paraissaient détruire tout le mérite des bonnes actions; par exemple, il admit un *organe pour la bonté*.

« On s'écria de plus d'un lieu : Que veut cet homme avec *ses organes de vices et de vertus*? Il nous considère donc comme des victimes destinées tantôt à commettre des crimes inévitables, tantôt à faire de bonnes actions sans aucun mérite. Que devient notre libre arbitre? Il prêche le fatalisme, il détruit tous les fondements de la morale, il attaque la justice des lois, il avilit la dignité de l'homme.

« Ce fut précisément à corriger ces vices de la

nomenclature que Spurzheim, élève et collaborateur de Gall, s'attacha. Il dit : « Le vol n'est qu'une « application de l'organe. On peut très-bien avoir « de la tendance à acquérir, à posséder, sans être « voleur. On peut être disposé à combattre dans « certaines circonstances, même à verser du sang, « sans être un criminel. »

« Il alla plus loin, car il prouva que les organes qui avaient été dénommés d'une manière si défavorable étaient des mobiles nécessaires pour donner de l'activité aux autres organes. Cette remarque s'appliquait très-bien au besoin de la propriété, qui est une des bases de l'état social, à ceux de la rixe et de la destruction, où l'on trouve les éléments du courage militaire, de la défense du pays, de la résistance à l'oppression, etc.

« Il réforma le mot *ruse*, qui avait été pris en mauvaise part, et fit voir qu'il est naturel et très-fréquemment nécessaire à l'homme de dissimuler sa pensée et ses intentions. La dissimulation est souvent de la prudence, il s'en faut qu'elle soit toujours un moyen de nuire; d'ailleurs elle peut nous rendre service en nous aidant à pénétrer un homme rusé qui nous veut du mal, et la finesse qu'elle nous procure n'a pas pour but nécessaire des actions blâmables; associée avec le jugement et avec des sentiments élevés, cette finesse prend le nom de sagacité et devient l'instrument de beaucoup d'actes utiles à l'état social aussi bien qu'à l'homme privé. Déterminé par ces importantes considérations, Spurzheim crut devoir substituer au mot ruse celui de *sécrétivité,* qui indique, chez les personnes douées de ce penchant, une tendance à se séparer, à se soustraire aux regards pour mieux observer. . . . .

« Alors la science reprit vigueur. Aussitôt que l'importance en fut sentie, la phrénologie trouva de nouveaux adeptes : elle continua de progresser, et l'on comprit *qu'il en pouvait sortir un nouveau système de philosophie, un système qui se substituait de lui-même aux théories métaphysiques qui avaient existé jusqu'alors.* Or, c'est du moment où cette influence a été sentie qu'on a vu se former la grande levée de boucliers que nous observons maintenant contre Gall. Auparavant il n'y avait que quelques savants et quelques citoyens de bon sens et exempts de préjugés qui s'en occupassent dans un but d'instruction ou d'utilité particulière. Maintenant tout le monde semble vouloir prendre intérêt à la question phrénologique : les uns veulent s'en faire une juste idée, d'autres la condamnent d'avance et cherchent à comprimer l'essor qu'elle vient de prendre ; il en est qui s'exercent à chercher les subtilités pour la combattre; on en voit d'autres qui s'attachent plutôt à ramasser les faits qu'ils croient les plus propres à la détruire. Tout cela se passe avec une espèce d'activité et même de passion qui n'existaient pas autrefois et qui marquent vraiment une époque scientifique.

« Voilà où nous en sommes; voilà ce qui rend la phrénologie extrêmement intéressante et en fait l'étude la plus importante du moment. »

Spurzheim, élève et collaborateur de Gall, en cherchant un organe pour chaque faculté, avait tellement augmenté le nombre des organes primitifs qu'il était devenu très-difficile de reconnaître sur un crâne la place de chacun d'eux [1].

[1] Le docteur Fossati, qui pense qu'on a exagéré le mérite de Spurzheim, dont les dénominations et les classifications n'ont pas été généralement adoptées par les phrénologistes, dit dans son *Manuel pratique de phrénologie* (Paris, 1845) que ce continuateur de Gall prit sa première classification dans Bischoff, professeur de Berlin, en le modifiant un peu, et qu'il se modifia ensuite lui-même plusieurs fois en faisant passer les organes d'une classe à l'autre, souvent même en changeant leurs noms jusqu'aux derniers jours de sa vie.

Gall, lui-même, pour répondre au reproche que Spurzheim lui a fait de n'avoir adopté, dans son arrangement des organes, aucun principe de philosophie, a dit dans ses *Remarques* sur l'ouvrage de son élève : « L'ordre le plus « naturel et le plus philosophique d'exposer les organes doit être le même « que la nature a observé dans l'arrangement successif de ces mêmes parties « cérébrales. » Il examine ensuite les divisions des facultés de l'âme faites par Spurzheim et il ajoute : « C'est donc ici, comme dans plusieurs autres « endroits, que brille l'esprit philosophique de M. Spurzheim en divisions, « subdivisions, sous-divisions, etc., et c'est ce qu'il appelle mettre plus de « philosophie dans la physiologie du cerveau que je n'ai jamais eu l'ambi- « tion d'y en mettre. »

Un Espagnol, don Mariano Cubi i Soler, continuateur de Spurzheim, porte ce nombre à quarante-huit dans un ouvrage très-étendu, dédié à Napoléon III, empereur des Français, approuvé par Mgr l'évêque de Barcelone, et intitulé : *la Phrénologie régénérée, ou véritable système de philosophie de l'homme considéré dans tous ses rapports* (1858).

J'explique dans les chapitres suivants comment, en étudiant ces doctrines d'après nature, c'est-à-dire en appliquant pendant plusieurs années les différents systèmes des phrénologistes sur un grand nombre d'individus, avec une incrédulité qui n'admet que les faits constants, j'ai reconnu : que, loin de multiplier les facultés primitives de l'homme découvertes par le grand maître, il fallait, au contraire, les réduire à quatorze : sept pour les instincts destinés à la conservation et à la reproduction, et sept pour la raison, guide naturel de ces instincts qui, sans cette direction, se vicient au lieu d'être des vertus indispensables; que ces organes reconnus certains, agissant comme des couleurs premières dans des proportions différentes, produisent des nuances innombrables parmi lesquelles se trouvent un grand nombre de facultés, dont les phrénologistes, en les croyant primitives, avaient souvent supposé l'organe entre ceux qui les produisent par leur combinaison. (Voir p. 53, Comparaison.)

Des hommes sérieux, partisans de la phrénologie ou gagnés à cette science par la simplification que je venais d'y apporter, m'engagèrent à publier ma doctrine nouvelle qui, disaient-ils, modifiait assez la phrénologie pour nécessiter un nom nouveau.

En 1851, je me décidai à faire acte de propriété en publiant une petite brochure intitulée : *Nouvelle Organographie du crâne humain.* Plus tard (1853) j'écrivis la *Vérité,* à propos de la tête d'une célèbre empoisonneuse que l'on avait soumise à mon examen. Je publiai aussi des tableaux synoptiques de *céphalométrie.*

Pendant un voyage de Paris, que je fis en 1855 pour visiter l'exposition universelle, je rencontrai quelques partisans de ma doctrine chez M. Guy, anatomiste de l'École de Médecine, possesseur d'un grand nombre de têtes de personnages célèbres moulées sur nature[1], parmi lesquelles je faisais un choix pour enrichir ma collection.

On se félicita du hasard qui amenait là l'auteur de la *Nouvelle Organographie du crâne humain* précisément au moment d'une discussion sur le crâne d'une personne qui, disait-on, faisait mentir la

[1] Rue de l'École-de-Médecine, 2. M. Vaseur, son successeur, a mis en vente les têtes de cette collection, topographiées d'après la céphalométrie.

phrénologie en ne présentant pas l'organe d'une faculté à laquelle elle avait dû une certaine célébrité.

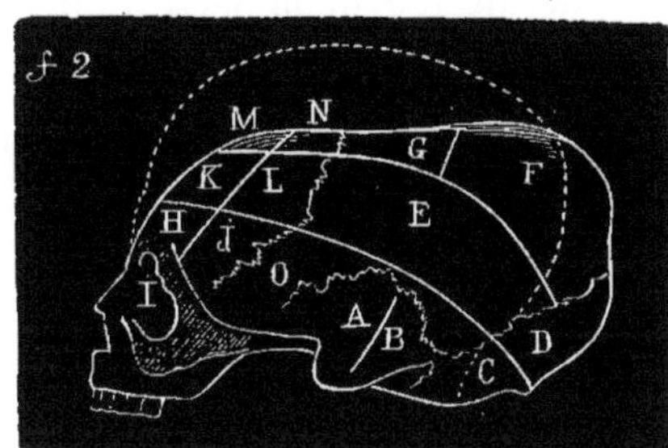

L'épreuve que l'on me faisait subir me parut facile, car ce crâne avait une forme tout exceptionnelle et c'est dans ce cas, surtout, que l'on reconnaît sûrement les particularités frappantes d'un caractère.

Ce crâne, dis-je, bas et allongé, est celui d'une femme privée de toute élévation dans la pensée, qui avait assez de configuration (sens des formes) et d'harmonie pour aimer la parure, trop peu de pénétration, d'imagination, d'équité et de respect pour que la raison, qui est le résultat de l'action harmonisée des facultés de l'intelligence et de l'esprit, ait pu diriger des instincts très-développés, à l'exception de la persévérance presque nulle, et de l'amour qui est très-faible. Chez elle la circonspection a dû devenir la ruse, le mensonge, peut-être le vol. La fierté, qui est énorme, sans la raison, n'a pu produire que la vanité, l'envie, la coquetterie, la jalousie ; la sympathie démesurément grande, sans la persévérance qui fait la constance, a pu entraîner cette femme dans la prostitution, quoique l'organe de l'amour soit très-petit, car ce n'est pas l'amour qui cause toujours ce vice, c'est l'absence de la raison et de la persévérance auxquelles on doit le courage de travailler pour vivre honorablement, et sans lesquelles on compte trop souvent sur le dernier venu.

Alors, avec un étonnement mêlé d'admiration, on me fit lire une inscription que jusqu'à ce moment on avait eu soin de tenir cachée : *une des plus prostituées de Paris* [1].

Comme on le voit par cet exemple, la céphalométrie ne cherche point de petites bosses pour reconnaître les penchants au vol, à la bonté, au meurtre, à la théosophie ou à l'inférioritivité, etc., etc. ; elle voit des esprits élevés, larges, avancés dans les fronts élevés, larges, proéminents ; elle reconnaît, par le développement du cerveau sous les temporaux, l'occipital et les pariétaux, la puissance des instincts de l'amour de la vie, des autres, de soi. Elle enseigne que la raison, fille de l'esprit et de l'intelligence (voir p. 38, RAISON et MORALE), doit grandir en l'homme pour compléter l'incarnation de l'esprit,

[1] Avec une éducation scientifiquement rationnelle, cette femme, faible d'esprit et de caractère, aurait pu trouver dans l'amour-propre et le respect humain, qui naissent de la fierté, un guide qui, à défaut de l'équité, de la conscience, aurait pu diriger sa conduite ; et sa puissante sympathie aurait pu l'attacher pour toujours à un mari qui ne l'aurait jamais quittée.

qui vient continuer sur la terre, par les arts et les sciences, l'œuvre admirable et inachevée de la création. (Voir p. 158, Notes.)

J'aurais désiré ne point entrer dans la grande lutte de la foi et de la raison; mais le *connais-toi toi-même* du temple de Delphes était une prophétie. C'était dans la science de l'homme expliqué par la connaissance de ses organes cérébraux, et non dans l'imagination, ou les besoins de la politique, que l'on devait trouver la psychologie, la morale, la loi naturelle pour l'éducation et la direction des hommes.

Heureusement la céphalométrie m'a démontré que la raison, lumière morale, comme la lumière physique, n'est point instantanée, et que c'était peut-être pour diminuer l'intensité des ténèbres qui devaient résulter de la non-instantanéité de cette lumière que Dieu nous a donné la foi, le croire avant le savoir, la lampe en attendant le jour, le pressentiment de la perfection, de l'infini, qui nous a fait reconnaître en nous l'esprit éternel, avant les démonstrations de la science que l'homme devait conquérir par le travail.

Puissions-nous tous bientôt, en comparant à la lumière, qui annihile les ténèbres, la raison, lumière morale, devant laquelle s'annihileront aussi les vices, les passions, les erreurs, comprendre la sainteté des efforts de la science et reconnaître enfin l'inutilité des luttes, puisqu'on ne se débat point contre la nuit quand on sait qu'il suffit d'allumer un flambeau.

INTRODUCTION

> Le feu sacré qui nous anime doit nous mener à un résultat digne de la puissance divine qui nous l'inspire. L'amélioration des sociétés marche sans cesse ; malgré les obstacles, elle ne connaît d'autres limites que celles du monde.
>
> (*Idées napoléoniennes.*)

Toutes les connaissances humaines sont les membres d'un grand corps, la science, qui sera sur la terre l'image la plus complète de l'idée que nous avons de Dieu.

Aimer Dieu, vérité increéée, infinie, éternelle, c'est lutter contre l'ignorance et le mensonge, c'est travailler au progrès des sciences dont l'harmonie est un langage divin.

L'une des sciences les plus importantes, la tête peut-être, de ce grand corps dont je viens de parler, naissait à la fin du siècle dernier. Malgré les imperfections inséparables des premiers temps d'une découverte, elle fut accueillie par des hommes éminents qui la propagèrent telle à peu près qu'elle était sortie des méditations de son auteur.

Cependant, un savant s'effraya des succès de la nouvelle venue et ne voulut point, comme il le dit dans un ouvrage intitulé : ***Examen de la phrénologie*** (Flourens, Paris, 1842), que le dix-neuvième siècle relevât de la philosophie de Gall (et de celle de Broussais, qui, en l'enseignant avec ses imperfections, effraya le monde religieux), comme le dix-septième siècle relève de la philosophie de Descartes, le dix-huitième de Locke et de Condillac.

M. Flourens, secrétaire perpétuel de l'Académie, a donc condamné la phrénologie ; mais nous ne sommes plus au temps du *magister dixit*, comme l'a si bien dit le prince Charles Bonaparte, présidant en 1856 une séance générale du congrès des délégués des sociétés savantes de France, dans laquelle il défendit avec énergie, contre les attaques des antiquaires, ma doctrine que je venais d'y développer.

Pour moi, ne m'en rapportant plus au jugement des autres quand je puis observer, comparer, expliquer et juger par moi-même, j'ai reconnu, après plusieurs années d'une étude sérieuse, qu'au nombre des matériaux entassés par les savantes observations du docteur Gall, quelques-uns ont été retenus par erreur ; que d'autres, plus précieux, s'harmonisent entre eux et composent un édifice qui sera une des grandes écoles du monde.

Après avoir vérifié par de nombreuses observations faites avec une longue persévérance que vingt-huit des quarante-deux protubérances de la phrénologie ne produisent pas toujours les effets indiqués par Gall et Spurzheim, mais que les quatorze autres sont des indices certains, je dessinai sur un crâne naturel la place des organes que dix années d'études m'avaient fait reconnaître infaillibles, et je remarquai avec l'émotion d'un pauvre qui découvre un trésor :

1° Que ces quatorze organes occupent le cerveau et ne laissent point de place pour les autres;

2° Que, comme les couleurs primitives agissant ensemble dans des proportions différentes, les mêmes organes, dans leur action combinée, produisent des variétés infinies d'effets;

3° Que les organes du cerveau sont divisés en deux groupes principaux *par les sutures du crâne*;

4° Que sept d'entre eux, placés sous le frontal, sont ceux de l'intelligence et de l'esprit d'où naît la raison (voir p. 27, 29, 38);

5° Que les sept autres, placés sous les pariétaux, les temporaux et l'occipital, sont ceux des instincts (voir p. 25);

6° Que ces instincts, chez l'homme, sont la source de toutes les vertus quand ils sont dirigés par la raison, de tous les vices quand cette raison a des organes impuissants, inactifs, égarés ou mal harmonisés. (Voir p. 37 et 156.)

M. le docteur Serres, membre de l'Institut, professeur d'anthropologie au Muséum d'histoire naturelle de Paris, écouta un jour avec intérêt les développements de ma doctrine et me fit remarquer que, d'après ses recherches, le cerveau se divise en autant de parties qu'il y a d'os pour le protéger. Il ajouta qu'il manquait alors à la céphalométrie une subdivison dans les instincts dont les organes sont placés sous les temporaux, l'occipital et les pariétaux, et une exposition détaillée pour faire lire ce que je ne puis expliquer verbalement à tout le monde.

J'ai de suite reconnu que les temporaux, qui couvrent les organes de l'*alimentivité* et de la *défensivité*, sont les os de L'INSTINCT DE L'AMOUR DE LA VIE; que l'occipital, qui couvre ceux de la *sympathie* (société) et de l'*amour* (reproduction), est celui de L'INSTINCT DE L'AMOUR DES AUTRES; et que les pariétaux, sous lesquels se trouvent ceux de la *circonspection*, de la *persévérance* et de la *fierté*, peuvent être appelés os DE L'INSTINCT DE L'AMOUR DE SOI.

Quant au livre que me demande M. le docteur Serres, il va m'être difficile de l'écrire, car je ne suis qu'un chercheur et peu d'hommes réunissent toutes les qualités puissantes.

M. Flourens a écrit en **1858** (*de la Vie et de l'Intelligence*) : « La sensiblité réside dans les faisceaux postérieurs de la moelle épinière et des nerfs, la motricité dans les faisceaux antérieurs, le principe de la vie dans la moelle allongée, la coordination du mouvement dans le cervelet, et l'*intelligence* dans le cerveau proprement dit (lobes hémisphères cérébraux). » M. Flourens résume dans ce seul mot : l'INTELLIGENCE, ce que je nomme les INSTINCTS, l'INTELLIGENCE et l'ESPRIT, comme je l'expliquerai plus tard. (Voir p. 25, ORGANOGRAPHIE.)

M. le docteur Serres, en reconnaissant que chacun des os du crâne est pour ainsi dire la cuirasse d'une partie distincte du cerveau, et en recherchant les fonctions de chacune de ces parties distinctes, a eu le premier l'idée de donner à ces os le nom des organes qu'ils recouvrent, et il a nommé le frontal : *os sensus communis*, l'os du sens commun ; les temporaux : *ossa mendosæ*, os des facultés vicieuses ; l'occipital : *os memoriæ*, os de la mémoire.

La céphalométrie est complétement d'accord avec ce qu'a écrit M. Flourens. De plus elle trouve une nouvelle preuve de la vérité des découvertes qu'elle doit à l'observation dans les rapports frappants de ces découvertes avec les enseignements que M. le docteur Serres a puisés dans des études profondes de dissection.

Cependant, au lieu de dire : *ossa mendosæ*, M. Serres dira avec la céphalométrie : *os de l'instinct de l'amour de la vie,* dont les facultés, se nourrir et se défendre, trop souvent viciées par l'absence de la raison, causent la *gourmandise*, l'*ivrognerie*, la *brutalité*, la *cruauté*, le *meurtre*.

Quant à l'os de la mémoire, sous lequel j'ai trouvé les organes de l'amour des autres, nous sommes toujours d'accord : c'est évidemment l'os de la mémoire du cœur.

—

PRINCIPES GÉNÉRAUX

> Le cerveau, mû par la pensée, s'accroît sans cesse jusqu'à la vieillesse chez l'homme que préoccupent le mouvement des idées et les choses de l'esprit, tandis qu'il subit un mouvement de retrait chez celui dont l'âme est penchée sur les choses de la matière.
>
> Le Dr L. CRUVEILHIER.

> Il est incontestable que l'exercice accroît le volume du cerveau en même temps qu'il en améliore la forme.
>
> GRATIOLET.

Il est aujourd'hui démontré que, depuis la sensation la plus simple jusqu'à l'opération la plus compliquée de l'esprit, toutes les fonctions qui ne sont pas végétatives, mais bien de la vie animale proprement dite, ont le cerveau pour organe; que le perfectionnement graduel des instincts et de l'intelligence des animaux est toujours en rapport avec le perfectionnement graduel de leur cerveau, et qu'en arrivant à l'homme on a reconnu en lui des parties cérébrales qui ne se rencontrent chez aucun autre animal.

Le volume du cerveau est en rapport avec sa puissance, qu'il ne faut pas confondre avec son activité, sur laquelle l'exercice, la santé et l'âge ont une grande influence [1].

1 Les hydrocéphales ont la tête extrêmement grosse et le cerveau affaibli par l'épanchement séreux. Avec une tête très-grande on ne peut être qu'un homme de génie ou une grande nullité.

Le cerveau, dont toutes les parties sont doubles, les unes à droite, les autres à gauche, liées entre elles par des fibres transversales nommées commissures, se développe et décroît à certaines époques de la vie. Le crâne, étant subordonné à ces variations, indique assez exactement la capacité des organes qu'il renferme.

L'équilibre entre tous ces organes donne au crâne la beauté de forme, à l'homme les plus heureuses dispositions. Il est bien rarement établi par la nature, qui n'a peut-être pas créé deux cerveaux identiquement semblables, sans doute parce que les hommes doivent apporter à la société les différentes aptitudes qu'elle réclame.

C'est la manière dont cet équilibre est rompu, c'est l'influence de la dépression, de la présence ou de l'exagération de certains organes sur les instincts et la raison de l'homme, qui doit être l'objet des observations et des méditations de ceux qui étudient la céphalométrie, pour arriver à connaître, utiliser ou modifier, par une culture éclairée, toutes les organisations, qui se développent par l'exercice et s'atrophient dans l'inaction.

CHAPITRE PREMIER

ORGANOGRAPHIE DE LA CÉPHALOMÉTRIE

I

LES INSTINCTS

Le mot instinct a pour radicaux εν et στίζειν, mots grecs qui veulent dire *piquer en dedans* et qui expriment bien qu'il s'agit ici d'impulsions qui ont leur cause dans l'intérieur de l'être et qui se font sentir indépendamment de toutes impressions extérieures, de tous calculs intellectuels [1].

Nous croyons qu'on a eu tort d'appeler de ce nom divers mouvements spontanés par lesquels les végétaux effectuent leur nutrition et leur reproduction, quelque merveilleux d'ailleurs que puissent paraître ces mouvements... Les instincts ont pour organes producteurs le cerveau.

ADELON.

Avec la végétation et la vie, c'est-à-dire la circulation, la respiration, la digestion, la croissance, la réparation des pertes, etc., l'animal et l'homme possèdent les instincts ou

[1] En latin, *instinguere* veut dire : pousser, porter, exciter. Le *timée*, par lequel Platon exprime l'idée d'une *âme irrationnelle* qu'il distingue de l'âme rationnelle, est un équivalent de l'*instinct* des modernes.

l'application, dans le règne animal, de la loi de la conservation et de la reproduction de l'espèce, qui se manifeste par des attractions et des répulsions naturelles.

Il y a sept facultés instinctives, classées de la manière suivante par les sutures du crâne qui en renferme les organes :

Sous les temporaux, que j'ai appelés *os de l'instinct de l'amour de la vie*, l'ALIMENTIVITÉ, A, instinct de se nourrir; la DÉFENSIVITÉ, B, instinct de se défendre, et d'attaquer, pour les animaux qui vivent du sang des autres.

Sous l'occipital, ou *os de l'instinct de l'amour des autres*, la SYMPATHIE, C, société, et l'AMOUR, D, reproduction.

Sous les temporaux, ou *os de l'instinct de l'amour de soi*, la CIRCONSPECTION, E, crainte, peur qui fait regarder autour de soi, fuir ou se cacher pour éviter un danger; la FIERTÉ[1], F, imitation, émulation, ambition, et la PERSÉVÉRANCE, G, fermeté, appelée par Cubi *continuativité*[2].

[1] J'ai cru devoir désigner sous ce nom cette faculté à laquelle l'homme doit la dignité, l'honneur, un puissant stimulant pour l'amour du mieux, du progrès. Les phrénologistes, qui cherchaient un organe spécial pour toutes les nuances résultant des combinaisons des instincts avec l'intelligence et l'esprit, ont cru en voir là cinq, pour l'*estime de soi*, l'*approbativité*, la *conscienciosité* ou *rectivité*, l'*habitativité* et la *concentrativité*, qui, comme je le démontre au chapitre III, sont des conséquences de l'action simultanée de cet organe avec ceux de plusieurs autres facultés. (Voir p. 56, COMPARAISON.)

[2] Il est démontré au chapitre III, page 53, que l'organographie de la céphalométrie est confirmée par toutes les observations des phrénologistes qui ont écrit l'histoire de leurs découvertes et entassé les preuves à l'appui de la localisation des organes du cerveau.

II

L'INTELLIGENCE

Les philosophes ayant tous admis la pluralité des facultés intellectuelles, et l'intelligence étant pour eux une expression générique désignant l'ensemble des facultés intellectuelles, on ne peut pas faire de l'intelligence une faculté unique comme le font les gens du monde; c'est un autre tort que de faire de l'intelligence l'attribut exclusif de l'homme, ne reconnaissant aux animaux que l'instinct.

ADELON.

Ce véritable sens commun organique et primitif détermine, porte, pousse vers l'objet nécessaire la créature qu'avertit un besoin.

BORY DE SAINT-VINCENT. (*Instincts*.)

Les animaux ont des sensations qui les mettent en rapport avec le monde physique. C'est à la faculté de se rappeler et d'associer ces sensations qu'ils doivent l'*intelligence* des choses matérielles, destinée, comme on le voit, à diriger leurs instincts qui, ainsi harmonisés avec la nature, ne sont plus que des attractions et des répulsions inséparables de l'organisation et se manifestant involontairement [1].

Les hommes et les animaux possèdent sous le frontal les organes de l'intelligence, qui sont : 1° la CONFIGURATION, H, sens et mémoire des formes; 2° la MÉMOIRE DES SONS, I, des

[1] Le mot *instinct* a dans le langage philosophique deux acceptions principales. Tantôt il exprime toutes les impulsions intérieures quelconques, inspirées aux animaux et à l'homme par leur organisation intérieure seulement, et sans qu'à ces impulsions concourent aucunement les jugements qu'ils peuvent porter des impressions que font sur eux les corps extérieurs. Tantôt il désigne exclusivement celles des facultés intellectuelles et affectives des animaux et de l'homme qui sont assez énergiques et prédominantes pour les entraîner irrésistiblement à certaines actions. ADELON.

bruits, des mots; cet organe, chez l'homme, se montre en saillie sous l'arcade orbitaire; quand il est fort, il pousse les yeux à fleur de tête; 3° l'HARMONIE, J, faculté d'associer, pour les compléter, les produits de toutes les sensations : *voir*, *entendre*, *toucher*, *sentir* et *goûter*[1], qui ont leurs organes à la partie inférieure du cerveau, sur le sphénoïde O, où *os des sensations*.

L'intelligence qui s'identifie, mais qu'il ne faut pas, comme on le voit, confondre avec les instincts, imprime à l'organisme, c'est-à-dire à l'être vivant et instinctif, un mouvement qu'on appelle *impression*; de la satisfaction et de la souffrance, qu'on appelle *sentiment*.

La puissance des sensations est tellement grande chez certains animaux, l'odorat du renard, par exemple, est tellement supérieur à celui de l'homme qu'il nous est presque impossible de nous en faire une juste idée. C'est à la perfection de cette faculté, dirigeant la circonspection déjà éveillée par la vue et l'ouïe, que cet animal doit ce que nous appelons sa *finesse*.

La puissance de l'intelligence, qui dans les mêmes circonstances agit toujours de la même manière, selon les lois éternelles de l'univers, cause ce que nous appelons l'invariabilité des instincts des animaux.

[1] Les sensations se rectifient l'une par l'autre; le bâton à moitié plongé dans l'eau paraît rompu; l'arbre dans le lointain paraît petit; le toucher rectifie les imperfections de la vue; la faculté d'harmoniser le résultat de toutes les sensations met l'animal en rapport avec le monde physique. De même, comme je vais le prouver plus loin, l'harmonie de toutes les facultés de l'esprit met l'homme en rapport avec le beau, le vrai, le juste, le monde moral, avec cette différence, cependant, que les sensations physiques nous donnent tous les jours la connaissance de lieux, d'objets, d'émotions dont nous n'avions aucune idée, et que, quand une vérité morale nous frappe pour la première fois, elle ne produit en nous que l'effet d'un réveil; elle semble une partie de notre esprit qui ne s'était point encore révélée.

III

L'ESPRIT

Le siége de l'âme raisonnable, *ubi sedet pro tribunali*, est le cerveau et non le cœur, comme avant Platon et Hippocrate on l'avait communément pensé.

CHARRON. (*De la Sagesse*, 1589.)

La tête humaine, comme la création nous la donne et non comme les mauvais milieux la déforment, présente un ensemble de cavités où de grands chercheurs ont fini par trouver l'habitation de la pensée, puis, ensuite et peu à peu, la localisation respective des facultés qui la composent. Les savants ont presque tous aujourd'hui accepté cette localisation.

Le Dr Félix VOISIN.

L'harmonie des sons est à quelques égards comparable à celle des facultés cérébrales, et l'absence de vibration ou la discordance d'une seule des parties du cerveau est une note fausse qui suffit à troubler son équilibre.

Le Dr L. CRUVEILHIER.

L'homme possède, avec les instincts et l'intelligence, les facultés de l'esprit auxquelles il doit ses progrès incessants dans la connaissance de la vérité, une, éternelle, infinie.

Le mot *esprit*, qui au propre signifie souffle, respiration, vie, exprime ici l'idée d'émanation d'une puissance divine qui, harmonisée avec la matière et la vie, constitue tout ce qui se meut dans le temps éternel et l'espace infini. (Voir p. 109, DOCTRINES.)

L'esprit se révèle à l'homme par la faculté de *comparer*, d'*expliquer*, de *juger* et de *respecter* ou d'*abhorrer* tous les produits de l'intelligence combinée avec les instincts. De là les idées dites innées, et qu'on pourrait nommer aussi, je crois, les idées éternelles de vérité, de justice, car, quand elles surgissent en l'homme, elles n'y produisent que l'effet d'un réveil.

L'homme possède sous le frontal, dans la partie moyenne et supérieure du lobe antérieur, au-dessus des organes de l'intelligence, ceux des facultés de l'esprit, qui sont : la *pénétration*, K; l'*imagination*, L; l'*équité*, M, et le *respect*, N.

La PÉNÉTRATION, K, est la faculté de comparer; mariée à l'imagination et à l'harmonie, elle fait naître la causalité, saisit les rapports entre la cause et l'effet; elle crée l'induction, les sciences, et encore ce qu'on appelle généralement l'esprit du monde, qui est bienveillant avec l'équité et la sympathie, religieux avec le respect, ingénieux et pratique avec la configuration et l'harmonie, brillant avec la mémoire des mots. Quand la mémoire est plus forte que la pénétration, cet esprit n'est plus que du bavardage.

Sans l'équité, qui, agissant avec la sympathie, crée la bonté, la bienveillance, cet esprit est caustique et jaloux, parce qu'alors la fierté dégénère en orgueil, envie, jalousie. Sans la circonspection, il est gai, léger; avec beaucoup de circonspection, il est rarement bruyant. « Le rire du sage se voit et ne s'entend pas. »

Comme on le voit, l'homme est un être mixte entre l'animal et le mythe qu'on appelle ange; son esprit et ses instincts doivent exercer l'un sur l'autre une utile influence.

Souvent l'équilibre n'existe pas, les instincts trop puissants ou une mauvaise éducation font de l'esprit un esclave et l'on n'écoute plus sa voix affaiblie, qui ne saurait qu'éveiller le remords.

L'IMAGINATION, L, est la faculté de créer des suppositions, des fictions, des images pour arriver à la connaissance de la cause des différences et des analogies reconnues par la comparaison. On lui doit, par ses combinaisons avec les autres facultés, l'espérance, la poésie, etc.

Gall a reconnu dans cet organe le talent poétique; Spurzheim, l'idéalité; Cubi, la méliorativité, sentiment du beau idéal. (Voir p. 62, COMPARAISON.)

Broussais a pensé, avec raison, que cette faculté, à laquelle on a attribué le pouvoir de s'élancer hors de la matière pour parcourir l'espace, pour deviner ce qui n'a pas été démontré, n'a pas été considérée par les phrénologistes d'une manière vraiment philosophique, parce que l'imagination, toujours en rapport avec d'autres facultés, ne peut être traitée isolément.

Les phrénologistes, qui multipliaient les facultés primitives, ont placé dans l'imagination, en se rapprochant de la comparaison, de l'équité ou du respect, huit organes pour la *saillétivité*, la *gaieté*, la *mimiquivité*, la *réalitivité* ou aversion pour le doute, la *merveillosité*, la *sublimitivité* ou l'amour du terrible, du grandiose, du sublime, l'*espérance*, et l'*effectuativité*, désir d'encourager, tendance à effectuer. (Voir p. 62, COMPARAISON.)

L'ÉQUITÉ, M, est le sens du juste et de l'injuste, la conscience. On lui doit, comme je l'expliquerai plus tard, la sensibilité, la bienveillance, l'abnégation, la charité.

Les phrénologistes, trompés par l'apparence, ont placé le sens du juste et de l'injuste, le sens moral dans la fierté qui pousse la classe trop nombreuse des méchants, ou mieux des égarés, à paraître bien plus qu'à être consciencieux, et il ne leur restait plus pour l'organe qui nous occupe que la bonté, la *bénévolentivité,* désir du bonheur des autres, plaisir à y contribuer, ce qui n'est qu'une nuance de l'équité combinée avec la sympathie. (Voir p. 65, COMPARAISON.)

Gall avait bien cru d'abord que cet organe était celui de l'équité; mais l'exemple de Dodd, qui le possédait très-développé et se rendit coupable de plusieurs faux, empêcha ses continuateurs d'admettre cette opinion [1].

Ils n'avaient donc pas encore reconnu que la notion de l'équité ne suffit pas pour faire les hommes justes; qu'il faut avec elle l'observation, la comparaison, la causalité, la circonspection et la persévérance. Il faut connaître avant de juger, il faut être prudent et fort pour être toujours juste.

Le RESPECT, N, est le couronnement de l'esprit, l'amour et l'admiration du beau, du vrai, du juste, que la pénétration, l'imagination et l'équité, harmonisées avec l'intelligence, nous ont fait connaître.

1 Dodd, ministre protestant, condamné comme faussaire, dont nous avons la tête moulée sur nature, était doué d'une grande sensibilité due à un puissant organe de l'équité qui, combinée avec beaucoup de sympathie, produisait une grande bienveillance, une grande charité; mais il manquait presque totalement de persévérance, de fierté et de circonspection : ce qui a causé en lui la faiblesse de caractère, l'abnégation, l'imprudence. H. Bruyères, beau-fils de Spurzheim, en parle dans son ouvrage intitulé : *la Phrénologie*, remarquable par un grand nombre d'excellentes gravures. « C'est, dit-il, une étrange forme de tête : la partie postérieure-supérieure est tronquée; les organes de la fermeté, de l'estime de soi, de la conscienciosité (que les phrénologistes plaçaient entre la fierté et la circonspection) et de la circonspection sont tout à fait déprimés. Cet homme a commis des faux pour obliger; il a manqué de justice et de prudence. »

Gall a vu dans cet organe la *théosophie*, Dieu, la religion; Spurzheim, la *vénération*; Cubi, l'*infférioritivité* du catholique devant le représentant de son Dieu.

Broussais a dit : « Ce sentiment supérieur est un des principaux liens de la société; si l'on ne vénère pas ce qui est vénérable, à commencer par les auteurs de nos jours et par nos instituteurs, tous les liens sociaux sont rompus; l'homme le plus bas, le plus vil, le moins cultivé se croit au niveau des plus grandes supériorités réelles. »

Lorsque nos prêtres nous apprennent à mépriser les hommes, la terre, la vie, pour ne contempler qu'un ciel inondé de la splendeur d'un Dieu qui y attend ses élus, le respect n'est plus que de la théosophie. En se combinant alors avec l'imagination, il fait naître la superstition, le surnaturalisme, l'amour du merveilleux, etc.

D'après la céphalométrie, la raison, en faisant comparer la terre aux millions de mondes qui l'entourent, révèle une loi éternelle, un ordonnateur esprit infini. L'équité est sa voix, le respect un effet de sa grandeur, l'imagination le cherche, et l'harmonie, qui, unie à l'imagination et à l'équité, nous fait rêver des perfections indéfinies, est sa promesse.

Le mot *esprit* est celui qui convient pour exprimer la faculté qu'a l'homme de saisir les rapports des phénomènes, de s'élever à la connaissance de leurs causes, de faire naître ainsi les sciences, les arts, la sagesse, le génie.

Les animaux, par l'action répétée des sensations et l'exercice de la mémoire, s'élèvent, comme l'a écrit M. Flourens, jusqu'à l'intelligence. Cuvier a dit : « L'intelligence des animaux ne se considère pas elle-même, ne se voit pas, ne se connaît pas. Les animaux n'ont pas la réflexion, cette faculté suprême de l'*esprit* de l'homme de se replier sur lui-même. » Enfin, M. Flourens ajoute : « En relisant de nouveau, j'ai mieux compris cette analyse profonde à la façon de Descartes, qui sépare, qui cherche du moins à séparer partout les idées des sensations, la faculté de comparer des simples impressions renouvelées, et la pensée, l'esprit de l'homme de l'intelligence des brutes. »

Aristote, auquel on attribue cette affirmation : *nihil est in intellectu quod prius non fuerit in sensu* (il n'y a rien dans l'âme qui ne lui ait été transmis par les sensations), a commencé la grande discussion sur les idées innées ou intérieures et les idées extérieures ou transmises par les sens, divisant encore aujourd'hui les philosophes qui confondent l'esprit avec l'intelligence, l'âme avec la vie; mais, éclairé par la céphalométrie, tout le monde reconnaîtra que cette opinion d'Aristote, fausse parce qu'il parlait de l'esprit, est vraie si l'on traduit *intellectus* par intelligence; car l'intelligence n'est, comme je viens de le dire, que le résultat de la faculté de se rappeler et d'associer toutes les sensations qui nous viennent du monde physique au milieu duquel elle doit diriger les instincts; de là les idées extérieures ou acquises par les sens.

Descartes, en ne cherchant que les inspirations intérieures, ne prétendait pas, sans doute, rejeter les idées extérieures, produit de l'intelligence qui, complété par l'esprit, devient la raison individuelle. (Voir p. 38, Raison.) Ce qu'il s'efforçait d'oublier, ce dont il était parvenu à faire table rase, c'étaient les enseignements de l'argutie et les aberrations de l'esprit[1].

Les facultés de l'esprit non équilibrées entre elles et non harmonisées avec l'intelligence s'égarent. De là les aberrations de l'imagination et du respect, auxquelles on doit les superstitions, le surnaturalisme, le mysticisme, le fanatisme, etc., qui ont détourné momentanément la civilisation de la route du progrès.

De même que les sensations physiques se rectifient l'une par l'autre (le bâton à moitié plongé dans l'eau paraît rompu, le toucher rectifie les imperfections de la vue, la connaissance du monde physique est le résultat de l'action harmonisée de toutes les sensations), de même aussi la connaissance du beau, du vrai, du juste, du monde moral, doit naître de l'action puissante et harmonisée de toutes les facultés de l'esprit mariées à une intelligence complète.

Que penserions-nous, en effet, d'un homme qui, jugeant tout seulement par les yeux, croirait la voûte étoilée qu'il aperçoit par sa fenêtre plus petite que sa chambre, son doigt plus gros que la montagne qu'il voit à l'horizon?

Que devons-nous penser aujourd'hui de ceux qui, pour connaître la vérité, ne se sont servis que de l'une des facultés de l'esprit : l'imagination?

1 « Descartes voulait pour ainsi dire recomposer sa raison, afin qu'elle fût à lui. »
THOMAS. (*Éloge de Descartes*, 1765.)

CHAPITRE II

RAISON ET MORALE

I

INFLUENCE DE LA RAISON SUR LES INSTINCTS
VERTUS, VICES, PASSIONS

Il y a dans l'homme une puissance qui porte au bien et détourne du mal, non-seulement antérieure à la naissance des peuples et des villes, mais aussi ancienne que ce Dieu par qui le ciel et la terre subsistent et sont gouvernés ; car la raison est un attribut essentiel de l'intelligence divine, et cette raison qui est en Dieu détermine nécessairement ce qui est vice ou vertu.

CICÉRON. (*Traduction de Châteaubriand.*

On parle en tous lieux de transformer le vieux monde ; on a cent fois raison : élargissons notre esprit, élargissons notre âme, sortons de l'animalité, montrons l'homme à la terre ; mais alors donnons à nos activités un autre but que l'égoïsme. Que tout conspire, même nos penchants inférieurs, au triomphe de notre nature humaine.

Le Dr Félix VOISIN.

J'ai dit au congrès des délégués des sociétés savantes de France, en 1856, et cela a été répété par le journal *l'Ami des Sciences* et par M. B. Lunel dans son *Dictionnaire des connaissances humaines*, au mot CÉPHALOMÉTRIE : « La première science du monde, la plus indispensable au bonheur de l'homme, celle qui doit être l'arbitre et non l'auxiliaire de la philosophie, de la politique et de la religion : la morale, qui a pour but la direction de la vie de l'homme, qui seule peut faire mûrir les véritables fruits d'une paix durable, est tout entière dans la domination de la raison sur les instincts. Elle a pour point de départ naturel, physiologique, la céphalométrie, qui prouve mathématiquement que cette raison, résultat de l'action puissante et harmonieuse de toutes les facultés de l'intelligence et de l'esprit, doit constamment diriger nos instincts, et que l'humanité, sans laquelle l'idée de Dieu n'existerait pas sur la terre, est un temple où le culte est digne du Créateur. »

On m'a reproché mon laconisme, qui d'après moi, cependant, devait convenir à ma doctrine, simple et claire, et à tous ceux qui, justement effrayés par la longueur et la grosseur de la plupart des discours et des volumes sérieux, trouvent plus simple de juger sans étude. En donnant aujourd'hui quelques détails, je vais faire tous mes efforts pour ne plus mériter ce reproche et ne pas fatiguer mes lecteurs.

Le frontal, que j'ai nommé chez l'animal l'*os de l'intelligence,* est chez l'homme celui de la RAISON, parce qu'il renferme les organes de l'*intelligence* et de l'*esprit* qui, *puissamment mariés*, donnent naissance à cette faculté, loi naturelle, unique et progressive de l'humanité.

La raison est la connaissance et l'amour du beau, du vrai, du juste ; elle doit diriger en l'homme les instincts, qui sont : amour de la vie, amour des autres, amour de soi.

La parfaite harmonie de ces six amours est la perfection humaine, l'accomplissement de l'incarnation de l'esprit qui continue sur la terre, par les arts et les sciences, l'œuvre admirable et inachevée de la création. (Voir p. 158, Création.)

Les instincts des hommes, tous indispensables à leur bonheur, sont tellement ennoblis par l'influence de la raison que souvent on a cru y voir des facultés de l'âme; on les a nommés des *vertus*. (Voir p. 156, Vertus.)

Sans ce guide naturel, ces instincts, n'ayant pas même pour les diriger la puissante intelligence des animaux, se vicient, et l'habitude du vice fait naître les passions, sources de tous les malheurs; car, sans la raison à laquelle il doit la puissance de diriger ses instincts, de se soustraire à leur domination, l'homme perd ce que l'on appelle sa liberté et, passif [1], il subit l'entraînement de ses vices. (Voir p. 101, Liberté.)

Sous l'influence de la raison, la CIRCONSPECTION est : la *prudence*, la *sagesse*, une vertueuse *timidité*, une sage *indécision*. Sans ce guide elle devient la ruse, le mensonge, le vol.

La PERSÉVÉRANCE est : la *constance*, la *force de caractère*, la *volonté* (voir p. 97, Volonté), ou l'entêtement, l'opiniâtreté et le despotisme, quand elle se combine avec la fierté également viciée.

[1] La passion n'est autre chose que la tyrannie d'un besoin.

Descuret.

L'homme est passif quand il l'éprouve; il n'est actif que quand il y consent ou qu'il la réprime.

Bergier.

La FIERTÉ est : la *dignité*, l'*honneur*, l'*amour-propre*, le *respect humain*, une noble *ambition*, l'*amour du progrès*, ou l'orgueil, l'envie, la jalousie, la fatuité, une coquetterie exagérée.

La SYMPATHIE est : l'*amitié*, la *sociabilité* [1], ou la disposition à subir l'influence des mauvaises sociétés, à contracter de mauvaises habitudes, des manies [2].

L'AMOUR (GÉNÉRATION) est : la *pudeur*, la *chasteté*, le *mariage* [3], ou le libertinage, la galanterie, le cynisme [4].

L'ALIMENTIVITÉ, instinct de boire et de manger pour vivre, est : la *tempérance*, la *frugalité*, indispensables pour la santé, peut être la gastronomie, ou la gourmandise, l'ivrognerie.

La DÉFENSIVITÉ est : le *courage*, la *susceptibilité*, la *franchise*, ou la brutalité, la cruauté. Je n'ajoute pas : et le meurtre, parce que l'assassinat est souvent la vengeance du lâche, et quelquefois la faim pousse au crime.

[1] On admire ce mot de sainte Thérèse : « L'enfer est un lieu où l'on n'aime plus. »

[2] L'attachement du mouton pour son troupeau, du chien pour son maître, de l'enfant pour son jouet ne peut être appelé de l'amitié.

[3] Platon a dit : « J'appelle homme vicieux cet amant populaire qui aime le corps plutôt que l'âme ; car son amour ne saurait être de durée, puisqu'il aime une chose qui ne dure point. Dès que la fleur de la beauté qu'il aimait est passée, vous le voyez qui s'envole ailleurs sans se souvenir de ses beaux discours, de toutes ses belles promesses. Il n'en est point ainsi de l'amant d'une belle âme : il reste fidèle toute sa vie ; car ce qu'il aime ne change point. »

[4] On n'est pas toujours libertin par tempérament : on le devient, le plus souvent, par imitation, par vanité ; c'est une mode que l'on suit de bonne heure et que l'on quitte le plus tard possible.

DESCURET. (*Médecine des passions.*)

II

DÉFAUTS

On a souvent confondu le vice avec le défaut ; on a même pensé que le défaut est un petit vice dont on pourrait facilement se corriger, et que le vice est un grand défaut plus fortement enraciné. Au point de vue de la céphalométrie, le défaut naturel est le résultat de l'absence ou mieux de la petitesse d'un organe. C'est une qualité qui fait défaut. On n'y remédie presque jamais radicalement, quoiqu'il soit démontré que l'exercice d'une faculté peut, à la longue, en grandir l'organe.

Outre les défauts naturels, que l'on reconnaît à l'inspection de la tête, il y a d'autres défauts qui ne sont point de la compétence de la céphalométrie : ce sont ceux qui sont dus à des maladies du cerveau ; mais ce qui résulte du défaut d'une bonne éducation, ce sont des vices ; car, comme on vient de le démontrer, le vice naît du mauvais emploi que l'on fait d'une qualité naturellement utile, et l'on peut toujours s'en corriger. (Voir p. 155, Notes.)

Nous venons de voir le défaut de raison causant tous les vices. On se rendra compte facilement de l'influence que doivent avoir sur le caractère d'un individu les défauts dus à la faiblesse des instincts, quand j'aurai cité quelques exemples :

Sans la CIRCONSPECTION : *étourderie*, *indiscrétion*. Une longue expérience peut donner une circonspection factice, mais qui se dément fréquemment lorsque tout à coup un organe prédominant agit.

Sans PERSÉVÉRANCE, on a de fréquentes volontés d'une heure, d'un jour même ; mais on n'a point ce qu'on appelle la force de caractère à laquelle on doit la constance et presque toujours le succès. Avec ce défaut, on est sous l'influence des mauvais exemples, de toutes les séductions ; la femme la plus honnête, l'homme le mieux élevé peuvent être pervertis s'ils n'ont trouvé dans leurs familles un guide sûr et fort, s'ils ne se sont complétés par un mariage raisonné.

Sans FIERTÉ : *humilité*, *modestie*, *abnégation*. Quand la fierté manque avec l'équité et le respect : *bassesse*, *avilissement*.

Sans SYMPATHIE : *isolement*, *égoïsme* ; quelquefois *avarice* quand l'organe de la sympathie, manquant avec celui de la fierté et de l'équité, est remplacé par la circonspection ; car l'amitié, la vanité et la coquetterie peuvent préserver de cette maladie morale.

Sans DÉFENSIVITÉ, la *raison*, la *fierté*, la *fermeté* ont souvent inspiré un courage qui a bien son mérite. Si toutes ces facultés font en même temps défaut : *paresse* et *lâcheté*, qu'il ne faut pas confondre avec la poltronnerie, souvent due à un excès de prévoyance et d'imagination.

Les défauts sont imposés par la nature, qui fait les hommes inégaux, probablement pour que la société, qui les rend solidaires, puisse recevoir de chacun d'eux les différents services dont elle a besoin.

L'éducation, qui ne doit avoir pour but que de modifier, s'il en est besoin, d'utiliser toujours par une culture éclairée toutes les organisations qui se développent par l'exercice et s'atrophient dans l'inaction, ne pourra jamais arriver jusqu'à rendre fort un organe très-faible. Jamais le défaut de mémoire ne permettra une grande érudition à un homme qui pourra devoir à de puissants organes pour la configuration et l'harmonie une grande célébrité comme peintre ou architecte; et bien des érudits sont privés des facultés qui font les hommes de génie.

La céphalométrie, qui indique dès l'enfance cette inégalité naturelle des hommes en faisant connaître leurs différentes aptitudes, sera un auxiliaire puissant pour donner à chacun une éducation et une instruction conformes à sa vocation, voix naturelle, puissante et trop souvent méconnue. Il en résultera non-seulement du bonheur pour l'individu, pour la famille, mais encore un bénéfice pour la société; car presque toujours c'est avec joie et perfection que nous travaillons dans une profession en rapport avec nos aptitudes.

III

RATIONALISME SCIENTIFIQUE

> Quand nous invoquons le droit qu'un homme a d'adorer Dieu à sa façon et celui de parler ou d'écrire suivant sa conscience, ce n'est pas un homme, ce n'est pas une contrée, ce n'est pas une constitution que nous défendons, c'est l'humanité tout entière que nous avons sous notre protection.
>
> LIOUVILLE. (*Conférences des jeunes avocats*, 1857.)

> La raison, terreur des fourbes; force des sages; régulatrice irrésistible qui ne saurait tromper; le plus éminent, mais le plus rare des attributs de l'animalité portée au plus haut terme de combinaisons organiques; admirable résultat de la généralisation des idées dans une machine où les moindres parties doivent être en harmonie pour la produire saine et complète; trop peu consultée, et contre laquelle s'élèvent avec une fureur déplorable de faux docteurs qui la proclament d'une part une émanation divine, quand ils sont parvenus à la fausser, et de l'autre une source pernicieuse d'incrédulité, lorsque, s'affranchissant des entraves où des sophismes la voudraient enchaîner, elle se montre sublime et s'exerce dans sa force et dans sa liberté.
>
> BORY DE SAINT-VINCENT.

Au congrès scientifique de France, à Bordeaux, en 1861, j'ai entendu un savant médecin avancer que les animaux sont aujourd'hui plus près de Dieu que l'homme. On a vivement repoussé cette idée qui, cependant, est vraie à un certain point de vue. L'animal obéit passivement à l'intelligence que Dieu lui a donnée pour arriver à la satisfaction de ses instincts. Il ne s'écarte jamais des lois de la nature, qui sont celles de Dieu; et les erreurs, les vices, les passions, les luttes qui troublent notre grand siècle de transition nous prouvent que nous ne sommes pas encore arrivés au but sublime que nous devons atteindre, mais que nous apercevons de loin [1].

Déjà, pour nous, la raison est le flambeau puissant devant lequel s'annihileront toutes les ténèbres de l'ignorance et de l'erreur; la morale ou le règne de la raison sur les instincts est la religion universelle qui doit un jour donner la paix à la grande famille humaine; le culte de cette religion, c'est l'éducation scientifiquement rationnelle de l'homme.

Cultivons donc l'humanité. Dirigeons, harmonisons, utilisons, en nous d'abord, puis dans les autres, toutes les facultés humaines auxquelles nous devons la connaissance et l'amour du beau, du vrai, du juste, qui seuls peuvent nous élever jusqu'à Dieu. (Voir p. 85, Éducation.)

Réunissons dans la religion HUMAINE tous ceux qui, guéris du surnaturalisme, ne sont plus aujourd'hui esclaves d'un prétendu droit divin inventé par la politique des temps passés.

Soyons HUMAINS, soyons RATIONALISTES avec cette devise :

TRAVAIL, SOLIDARITÉ, PROGRÈS !

SCIENCE DU RÉEL, FOI AU PROBABLE, OUBLI DE L'ABSURDE [2].

[1] L'Europe conquerra le monde et y répandra sa religion qui est le droit, la liberté, le respect des hommes, cette croyance qu'il y a quelque chose de divin au sein de l'humanité.

Ernest RENAN, membre de l'Institut. (*Discours d'ouverture du cours de langue hébraïque au collége de France*, 1862.)

[2] Victime de son idée et divinisé par la mort, Jésus fonda la religion éternelle de l'humanité, la religion de l'esprit, dégagée de tout sacerdoce, de tout culte, de toute observance, accessible à toutes les races, supérieure à toutes les castes, absolue en un mot : « Femme, le temps est venu où l'on n'adorera plus sur la montagne ni à Jérusalem, mais où les vrais adorateurs adoreront en esprit et en vérité. »

Ernest RENAN.

La raison, née du mariage en l'homme de l'esprit avec l'intelligence, est la loi naturelle et par conséquent divine à laquelle on doit le bonheur par l'accomplissement de tous les devoirs, et la résignation pour les douleurs inévitables.

Le temple du rationalisme, c'est l'humanité sans laquelle l'amour du vrai n'existerait point sur la terre, et qu'il faut éclairer toute entière pour y grandir la présence de Dieu [1].

Là, une prière toujours exaucée est obligatoire pour tout le monde : c'est le travail. Celui qui n'a pas son pain gagné est heureux et fier d'être utile à la société, loin de tomber à sa charge; et le riche doit aussi travailler toujours, à s'instruire, à se moraliser, à donner l'exemple, et même à enseigner, ce qui est le sacerdoce; car, avec la science et la morale, il y aura toujours pour tous liberté, paix et bonheur. L'ignorance et la démoralisation, au contraire, ne connaissent point la solidarité, sans laquelle le peuple est un démon et le monde un enfer.

Là notre reine, la science, en nous montrant et les merveilles de l'infiniment petit, et les mondes innombrables roulant dans l'espace sans fin, nous donne l'espérance de la réalisation de nos aspirations vers des félicités éternelles.

[1] Voltaire, le grand destructeur des erreurs et des abus, crut donner une leçon aux catholiques, qui ont élevé des autels à tous les saints de leur paradis, en dédiant une chapelle à Dieu. (*Deo erexit Voltaire.*)

Pourquoi un tabernacle, pourquoi un autel au dieu de Voltaire ?

Le temple du rationalisme, car il en faut un de pierre, dédié aux arts et aux sciences, sera un vaste amphithéâtre. La statuaire, la peinture, un orgue magnifique accompagnant des chœurs, une chaire pour répandre les sciences, une bibliothèque et un salon de conversation en feront un séjour enchanteur.

Déjà, plus éclairés, les hommes reconnaissent que les différentes aptitudes qu'ils ont reçues de la nature pour rendre à la société les différents services qu'elle réclame, les différentes éducations qui leur ont été imposées, et aussi les différentes circonstances volontairement ou involontairement rencontrées dans la vie, les font inégaux et établissent les nombreux échelons de l'échelle sociale, aujourd'hui horizontale, sur toute l'étendue de laquelle chacun de nous peut être grand ou petit, heureux ou malheureux, mais où tout le monde doit solidairement bénéficier des progrès de la science et de la raison.

Dans l'état actuel des choses, contrairement aux lois de la raison, on a répandu l'instruction en abandonnant l'éducation à la famille, presque toujours au-dessous de cette importante mission. On a fait de l'esprit égaré l'esclave des passions; la force brutale a régné en despote; la femme est restée légalement l'esclave du mari; on a enchaîné ses croyances à un antique autel immobile; pour prémunir sa foi contre les progrès du siècle, on est allé jusqu'à lui faire craindre la raison, et cependant elle est presque toujours la providence des ménages.

Quand l'activité et la délicatesse de son intelligence et de son esprit, fortifiées par une éducation rationnelle, lui permettront de secouer le joug des vieilles doctrines (voir p. 109, Doctrines), alors nous verrons la victoire complète de la force de la raison sur la force brutale.

Alors le mariage, que des hommes, instruits par nos écoles actuelles et viciés par le défaut d'éducation, croient être une institution contre nature inventée par la société, ignorant que la société est imposée à l'homme par la nature elle-même ; alors, dis-je, le mariage sera le complément de l'homme, qui trouvera dans sa femme : sa compagne, son amie, son conseil, son idole, la prêtresse de la famille dont il sera le fondateur et le protecteur.

Alors combien sera grande l'heureuse influence de la mère sur l'éducation de ses enfants. La raison, en grandissant chez nous avec l'âge, nous démontrera de plus en plus la sagesse, la vérité, l'utilité des conseils d'une mère dont l'amour ne se remplace pas et qu'on vénère encore quand nos progrès nous démontrent les erreurs de ses enseignements.

IV

AUTORITÉ, PROGRÈS, RÉVOLUTION, RÉVOLTE, RÉBELLION

> Il y a une science des quantités qui force l'assentiment, exclut l'arbitraire, repousse toute utopie; une science des phénomènes physiques qui ne repose que sur l'observation des faits; il doit exister aussi une science de la société absolue, rigoureuse, basée sur la nature de l'homme et de ses facultés, et sur leurs rapports, science qu'il ne faut pas inventer, mais découvrir.
>
> P.-J. PROUDHON. *(Dimanche.)*

L'AUTORITÉ collective et individuelle ne doit être que la raison limitant la liberté dans un intérêt commun.

Tout homme vivant en société, loin d'être libre d'agir selon ses caprices, doit obéir constamment à cette autorité individuelle et collective, dans son intérêt personnel et dans l'intérêt de la société.

La liberté pratique n'est que le droit d'aimer, de chercher, de prouver, d'utiliser le vrai et de se révolter contre tout despotisme contraire à la raison, au progrès. (Voir p. 101, LIBERTÉ.)

Le PROGRÈS est un fleuve qui prend sa source dans la raison de l'homme. Les gouvernements devraient toujours en fertiliser la vie humaine pour hâter les développements de la science, de la morale, du bonheur. Trop souvent, au contraire, ils ont construit de grands travaux pour en arrêter le cours.

Une digue formidable, souvent rompue, et, jusqu'à présent, toujours reconstruite par un odieux despotisme qui prétend régner sur l'ignorance par la crainte, céda dès les premiers temps, si l'on en croit la *Genèse,* devant la courageuse révolte de la mère du genre humain : Ève, non contente de manger, de boire et de croire, voulut savoir.

La RÉVOLUTION est le cours éternel du progrès. La RÉVOLTE a pour but la destruction de la digue qui arrêtait momentanément ce courant. La construction de cette digue est un acte de RÉBELLION contre les lois de la nature.

Ce qui cause les secousses révolutionnaires, ce qui rend périlleuse la destruction des digues, c'est la difficulté d'empêcher le fleuve trop longtemps contenu de se changer en torrent dévastateur, entraînant dans sa course désordonnée les *révoltés* avec les *rebelles.*

Voilà ce qui explique l'existence de la foule des conservateurs, des satisfaits, des égoïstes, des hypocrites qu'ont aujourd'hui à convertir ou à combattre les apôtres de la Raison.

CHAPITRE III

COMPARAISON DE L'ORGANOGRAPHIE DE LA CÉPHALOMÉTRIE AVEC CELLE DE GALL, MODIFIÉE PAR SPURZHEIM ET RÉCEMMENT PAR CUBI [1]

> Il a pu, et les travaux de Spurzheim, de G. Combes, de Fossati, de Dannecy, de Salandières, d'Ymbert, de Dumoutier, etc., l'attestent; il pourra, il devra même se produire de nouveaux travaux, de nouvelles vues pour étendre, modifier ou restreindre le cadre organologique; pour interpréter, appliquer, perfectionner la science ainsi que nous osons nous-même le tenter dans cet insuffisant essai. Dernièrement nous venons d'en avoir un exemple qui n'est pas sans intérêt. (*Nouvelle organographie du crâne humain, par Armand Harembert*) Mais, pas plus que pour la chimie, ces changements en plus ou en moins, en situation ou en étendue, dans la classification, ces efforts dans l'analyse ou la synthèse ne peuvent porter atteinte au fond inébranlable de la doctrine de Gall.
>
> Le Dr BEUNAICHE DE LA CORBIÈRE, ancien président de la Société phrénologique de Paris, etc., etc. (*De l'influence que doit exercer la phrénologie sur les progrès ultérieurs de la philosophie et de la morale.* PARIS, 1854.)

1 Don Mariano Cubi i Soler est l'auteur d'un livre traduit de l'espagnol, dédié à Napoléon III, empereur des Français, approuvé par Mgr l'évêque de Barcelone, intitulé *la Phrénologie régénérée, ou véritable système de philosophie de l'homme considéré dans tous ses rapports*, et dans lequel je lis l'approbation suivante, signée par don Manuel Rodriguez i Bori, prêtre, licencié en jurisprudence, et don Antonio Fabregas Caneny, prêtre, licencié en jurisprudence et ès sciences physico-mathématiques, professeur de physique expérimentale et de chimie au séminaire de Barcelone : « La phrénologie est au moins une branche du savoir humain, un système de philosophie de l'esprit, et, partant, elle ne peut être en lutte avec la religion catholique, qui est la mère des sciences; avec la religion catholique, qui est la plus sainte et la plus pure philosophie; avec la religion catholique, qui tient sous la protection de ses ailes tout ce qui tend à la vraie science, à la vraie civilisation. Si quelque attaque, si la moindre opposition contre notre très-sainte religion se tire de la phrénologie, cette hostilité ne sera pas, assurément, le produit d'une vraie branche de l'arbre phrénologique, mais bien d'une greffe ou d'une plante *exotique* à laquelle on donnera un nom qui n'est pas le sien. »

ORGANOGRAPHIE DE LA CÉPHALOMÉTRIE

INDICATION DE LA SAILLIE DES ORGANES :

1 très-petite ; — 2 petite ; — 3 ordinaire ; — 4 grande ; — 5 très-grande ; — 6 trop grande ;
R renflée. — D déprimée.

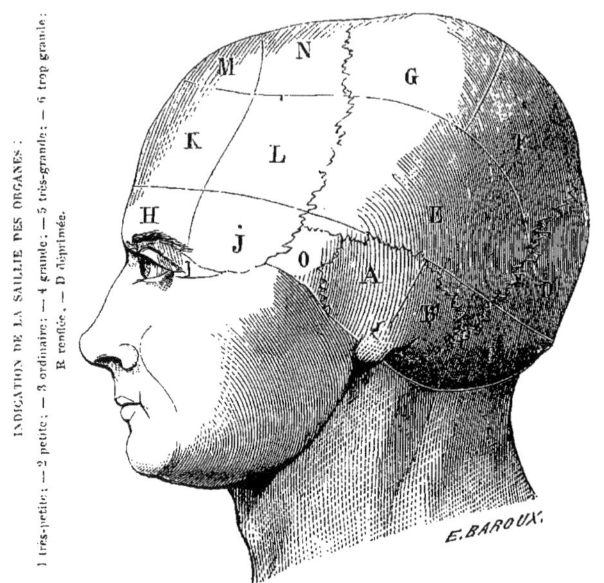

Le *défaut* est le résultat de l'absence ou de la petitesse de l'organe d'une faculté. Il est imposé par la nature qui fait inégaux les hommes que la société rend solidaires. (Voir p. 41 et 155.)

FACULTÉS PRIMITIVES qui, comme des couleurs premières, agissant ensemble dans des proportions différentes, produisent des nuances innombrables.

Guidés par la Raison, tous les instincts des hommes sont des vertus ; sans ce guide naturel, ils se vicient et deviennent la source des passions dangereuses.

Instincts.

Sous les temporaux, ou os de l'instinct de l'amour de la vie.

A Alimentivité : se nourrir.

B Défensivité : se défendre et attaquer.

Sous l'occipital, ou os de l'instinct de l'amour des autres.

C Amour : génération.

D Sympathie : attachement aux personnes, aux choses.

Sous les pariétaux, ou os de l'instinct de l'amour de soi.

E Circonspection : peur qui fait regarder, fuir et se cacher.

F Fierté : émulation, ambition.

G Persévérance : force de caractère.

Du mariage de *l'esprit* avec *l'intelligence* naît la *Raison*, source du progrès, guide naturel des instincts des hommes.

Raison.

Sous le frontal, ou os de la Raison.

1° Intelligence.

H Configuration : sens et mémoire des formes, base de l'observation.

I Mémoire des sons : mots, bruits.

J Harmonie : faculté d'associer, pour les compléter, les idées, les produits de toutes les sensations. (L'ouïe, le toucher, la vue, l'odorat et le goût ont leurs organes sur le sphénoïde **O**, ou os des sensations.)

2° Esprit.

K Pénétration : comparaison.

L Imagination : supposition, fiction, recherche des causes.

M Équité : sens du juste et de l'injuste.

N Respect : amour du beau, du vrai, du juste.

La **MORALE** est tout entière dans la direction des instincts, qui sont : amour de la vie, de soi, des autres, par la Raison qui est la connaissance et l'amour du beau, du vrai, du juste. L'harmonie de ces six amours est, pour l'homme : la perfection, le bonheur.

ORGANOGRAPHIE DE LA PHRÉNOLOGIE

Les sutures et les lignes pointées indiquent les divisions de la céphalométrie.

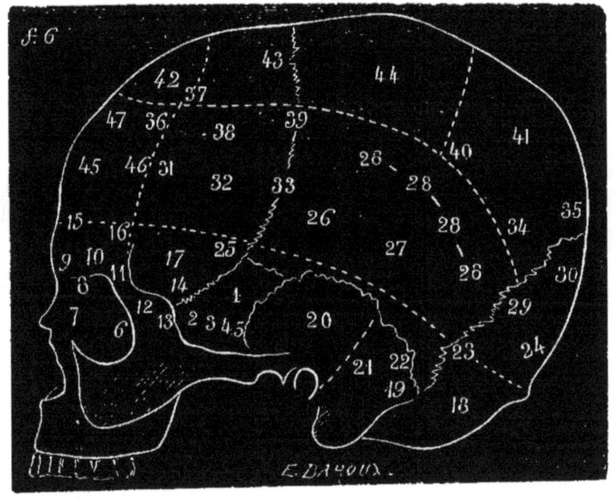

Les chiffres correspondent à la nomenclature de la phrénologie.

Nomenclature de don **Mariano Cubi i Soler**

(Les mots entre parenthèses indiquent celle de Spurzheim)

I

Facultés et organes CONTACTIFS, *ou d'immédiat contact.*

1 Tactivité (tactibilité).
2 Visualitivité.
3 Auditivité.
4 Gustativité.
5 Olfactivité.

II

Facultés et organes COGNOSCITIFS, *soit de connaissance physique ou externe.*

6 Langagétivité (langage).
7 Configurativité (configuration).
8 Méditivité ou mesurativité (étendue).
9 Individualitivité (individualité).
10 Localitivité (localité).
11 Pésativité (pesanteur).
12 Coloritivité (coloris).
13 Ordonativité (ordre).
14 Comptativité (calcul numérique).
15 Mouvementivité (éventualité).
16 Durativité (temps, durée).
17 Tonotivité (tons, musique).

III

Facultés et organes ACTIONITIFS, *soit de perception et d'action morale.*

18 Générativité (amativité).
19 Conservativité (conservativité).
20 Alimentivité (alimentivité).
— Locomotivité.
21 Destructivité (destructivité).
22 Combativité (combativité).
23 Conjugativité (conjugabilité, mariage).
24 Philoprolétivité (philogéniture).
25 Constructivité (constructivité).
26 Acquisivité (acquisivité).
27 Secrétivité (secrétivité).
28 Précautivité (circonspection).
29 Adhésivité (adhésivité).
30 Habitativité (habitativité).
31 Sailliétivité (gaieté).
32 Méliorativité (idéalité).
33 Sublimitivité (sublimité).
34 Approbativité (approbativité).
35 Concentrativité (concentrativité).
36 Mimiquivité (suavité).
37 Imitativité (imitation).
38 Réalitivité (merveillosité).
39 Effectuativité (espérance).
40 Rectivité (consciencïosité, justice).
41 Supérioritivité (amour de soi).
42 Bénévolentivité (bienveillance).
43 Inférioritivité (vénération).
44 Continuativité (fermeté).

IV

Facultés et organes INTELLECTIFS, *soit de rapport universel.*

45 Comparativité, volonté ou harmonisativité (comparaison).
46 Causativité (causalité).
47 Déductivité (pénétrabilité).

CÉPHALOMÉTRIE

HAREMBERT	CUBI
Instinct de l'amour de la vie	20 *Alimentivité*, instincts de se rir[1].
A *Alimentivité*, se nourrir, appétit des aliments.	21 *Destructivité*, destruction de est juste et nécesre, assas
B *Défensivité*, se défendre et attaquer.	22 *Combativité*.............
	19 *Conservativité*[2].........
Instinct de l'amour des autres	
C *Amour*, génération....	18 *Générativité*............
D *Sympathie*, attachement aux personnes, aux choses.	19 *Adhésivité*, affection, amiti 24 *Philoprolétivité*......... 30 *Habitativité*[3]......... ..
Instinct de l'amour de soi	
E *Circonspection*, peur qui fait regarder, fuir et se cacher.	28 *Précautivité*............ 27 *Secrétivité*, *stratégitivité*[4] .. 26 *Acquisivité*.............
F *Fierté*, émulation, ambition, etc...	41 *Supérioritivité*[5]......... 34 *Approbativité*[5].......... 40 *Rectivité*, désir, quoiqu'ave ture[6]. 35 *Concentrativité*[3]........
G *Persévérance*, force de caractère...	44 *Continuativité*..........

[1] Gall, en étudiant les animaux qui vivent du sang des autres, vit dans l'organe de l'alimentivité la *destruction*, qu'il appela instinct carnassier, penchant au meurtre. Afin de conserver cette faculté, on fut ensuite jusqu'à dire que les herbivores, qui en possèdent l'organe, opèrent, pour se nourrir, la destruction des plantes.

Spurzheim, ne craignant pas de multiplier les facultés primitives, reconnut un organe pour l'*alimentivité* à côté de

HRÉNOLOGIE

SPURZHEIM		GALL
tivité[1]...........	(penchant).	Destruction, meurtre, instinct carnassier [1].
ctivité............	(penchant).	
tivité..............	(penchant).	Instinct de la défense de soi, rixe.
vativité[2], *biophilie*..	(penchant).	
vité...............	(penchant).	Amour physique.
vité, affectionivité...	(penchant).	Attachement, amitié.
éniture...........	(penchant).	Amour des enfants, philogéniture.
tivité, nostalgie[3]...	(penchant).	. . . .
spection..........	(sentiment).	Circonspection, prévoyance, ruse.
vité[4].............	(penchant).	
ivité.............	(penchant).	Provisions, convoitise, amour de la propriété, penchant au vol.
de soi...........	(sentiment).	Orgueil, fierté, arrogance, domination[5].
bativité[5]..........	(sentiment).	Vanité, amour de l'approbation[5].
enciosité, sens mo- justice[6]..........	(sentiment).	
de soi et *concentra-* *é*[3]...............	(penchant).	
té................	(sentiment).	Fermeté, constance, opiniâtreté.

celui de la destructivité qu'il aurait dû supprimer, car l'alimentivité et la combativité causent la destructivité chez les animaux carnassiers.

2 L'amour de la vie, *conservativité* ou *biophilie*, dont la phrénologie place l'organe auprès de celui de la défensivité, est souvent plus grand chez celui qui fuit que chez celui qui se défend. L'amour de la vie ne peut être dû à un seul organe. Tous les instincts ont pour but la conservation et la repro-

duction de la vie : la sympathie qui nous attache à la terre et à ceux qui l'habitent ne nous fait-elle pas aimer la vie, que la circonspection empêche d'exposer sans motifs et que les hommes dépourvus de cette faculté compromettent facilement ?

3 Les phrénologistes ont cru que le penchant qui nous porte à habiter certains lieux, qui a souvent causé le mal du pays, a dans le cerveau un organe spécial; leurs remarques l'ont placé entre ceux de la sympathie, de la fierté et de la circonspection, dont il est la conséquence. Quand la *sympathie* nous attache aux lieux et aux personnes avec lesquelles nous avons longtemps vécu, la *prévoyance* nous dit que nous ne trouverons pas loin de là des amis d'enfance, des lieux témoins d'un bonheur passé, et la *fierté* nous engage à ne pas quitter le pays où nous avons de la considération, des amis, quelquefois des propriétés.

Georges Combes, célèbre phrénologiste anglais, nomma cet organe la *concentrativité* après avoir constaté que les hommes chez lesquels cette protubérance est saillante ont la faculté de concentrer puissamment toutes leurs pensées sur un point.

Un autre savant phrénologiste, M. Vimont, décida à son tour, ce qui est accepté par Cubi, que là sont les trois organes de l'*estime de soi*, de l'*habitativité* et de la *concentrativité*.

La céphalométrie démontre que la faculté de concentrer, de fixer sur un point l'intelligence et l'esprit est due, le plus souvent, à la *fierté*, source de l'amour-propre, de l'émulation, de l'ambition, et à la *sympathie*, qui rend puissants les devoirs envers la famille, le tout aidé par la *persévérance*. (Voir p. 97, VOLONTÉ.)

4 La circonspection dirigée par une raison puissante devient la prudence, la sagesse, auxquelles on doit ce proverbe : « Il faut tourner plusieurs fois sa langue avant de parler. » Je crois cependant que la *secrétivité* est souvent égoïste. L'équité et la sympathie nous font braver les ennemis que la franchise peut nous susciter, quand il s'agit d'être vrai et utile.

Si je blâme la secrétivité égoïste, il n'en est pas de même de la *stratégitivité*, à laquelle l'esprit, l'intelligence et les instincts apportent leur contingent lorsque les imperfections de l'humanité nécessitent les guerres dans lesquelles les victoires du peuple le plus éclairé doivent avoir pour effet de répandre les bienfaits d'une véritable civilisation.

5 La fierté et la persévérance, viciées par la faiblesse de la raison, créent la sédition, la *tyrannie*. Avec l'équité et le respect, la fierté fait désirer l'estime et l'*approbation* des autres.

6 J'ai remarqué, comme les phrénologistes, que les hommes qui présentent une grande élévation à la partie postérieure de la tête veulent paraître justes, sont entreprenants, ambitieux, et que, pour s'enrichir, ils vont souvent jusqu'à s'expatrier; mais je ne pense pas, comme eux, que là soit l'organe du sens moral, de la *conscienciosité*, de la *justice*. (Voir p. 32, ORGANOGRAPHIE.)

Chez l'homme, c'est l'instinct de la fierté qui, sous l'empire de la raison, devient la dignité, l'honneur, une noble ambition, etc., et qui, sans cette direction, se vicie en orgueil, envie, jalousie, vanité, etc. Le siége que Spurzheim avait assigné à la justice, comme organe primitif, est le point de jonction des organes de la fierté, de la persévérance et de la circonspection. La combinaison de ces trois organes a fait que bien des hommes, voulant moins être que paraître justes, ont trompé les phrénologistes, trop confiants

CÉPHALOMÉTRIE

<table>
<tr><th>HAREMBERT</th><th>CUBI</th></tr>
<tr><td>Intelligence

H Configuration, mémoire des formes, mémoire locale [1].</td><td>7 Configurativité..
9 Individualitivité..........
10 Localitivité, mémoire locale
8 Mesurativité............
11 Pesativité...
12 Colorativité[4]........</td></tr>
<tr><td>I Mémoire des sons, mots, bruits [2]...</td><td>6 Langagétivité [2]..........</td></tr>
<tr><td>J Harmonie, faculté d'associer les formes, les sons, les idées, le résultat de la mémoire de toutes les sensations [3].</td><td>13 Ordonnativité [4]..........
14 Comptativité [4]...........
17 Tonotivité [4]............
25 Constructivité [4]..........</td></tr>
</table>

[1] La force de l'habitude, que l'on dit être une seconde nature, joue un grand rôle dans le développement de certaines facultés et des nuances qui résultent de leurs combinaisons. La configuration, par exemple, qui fait concevoir et se rappeler la *forme*, la *couleur*, l'*étendue* de ce qui attire nos regards et occupe notre attention, aidée du toucher et de l'harmonie, fait connaître, par la comparaison : la *résistance*, la *pesanteur*.

[2] La mémoire des formes et celle des sons combinées avec

dans les apparences lorsqu'ils cherchent un organe pour chaque faculté.

L'équité et le respect qui couronnent les facultés de l'esprit ne suffisent même pas pour constituer la justice; il faut leur joindre, avec une intelligence exercée, la comparaison, la causalité, la circonspection et la persévérance.

PHRÉNOLOGIE

SPURZHEIM		GALL
s, configuration	(faculté percept.).	Mémoire des personnes.
lualité	(perceptive).	Mémoire des lieux.
té	(perceptive).	
eur, étendue......	(perceptive).	
teur et résistance...	(perceptive).	
s [4]..............	(perceptive).	Sens du rapport des couleurs.
ge....	(perceptive).	Mémoire des mots, des langues.
[4]	(perceptive).	. . . .
numérique[4]......	(perceptive).	Sens du rapport des nombres.
musique[4]........	(perceptive).	Sens du rapport des sons, musique.
uctivité.........	(penchant)...	Mécanique[4], construction, beaux-arts.

les facultés de l'esprit ont donné des noms, des formes aux idées et ont permis de dire et d'écrire la pensée.

[3] On doit le génie du bien ou du mal à la faculté d'assembler, d'harmoniser toutes les sensations, toutes les idées, tous les produits de l'organisme. Les vrais savants, les grands philosophes, les criminels célèbres doivent à la puissance de l'organe de l'*harmonie* leurs découvertes et leurs machinations.

[4] La configuration et l'harmonie, qui, avec les facultés

de l'esprit, font les gens de goût, les *mécaniciens*, les architectes, etc., ne suffisent pas seules pour faire les peintres, auxquels il faut la puissance de l'imagination pour donner à leur art la poésie qui en fait le charme; peut-être même la mémoire des mots, en facilitant la connaissance de la palette, enrichit-elle le *coloris*. Les peintres qui n'ont que la mémoire locale excellent dans la ligne; ceux qui possèdent aussi la mémoire des mots brillent généralement par le coloris. Cette

CÉPHALOMÉTRIE

HAREMBERT	CUBI
Esprit	
K *Pénétration*, comparaison.......	45 Comparativité, volonté ....
	47 Déductivité [1].............
L *Imagination*, supposition, fiction, recherche des causes.	32 Méliorativité, sentiment du idéal.
	38 Réalitivité [2], aversion pour le d
	33 Sublimitivité, le terrible, le diose, le sublime.
	39 Effectuativité, désir d'encou tendance à effectuer.
M *Équité*.......................	42 Bénévolentivité [4]..........
N *Respect* [5].....................	43 Infériorité, désir de rendre mage, de s'effacer [5].

[1] Spurzheim plaça la PÉNÉTRABILITÉ entre la comparaison et l'équité. Cubi admit cet organe de la tendance à fonder des théories sans preuves, d'un penchant à pénétrer dans les secrets de l'avenir, à deviner, à prophétiser sans méditation, sans comparaison, sans cause, sans logique, par inspiration réelle, sans lien ni connexion avec des connaissances antérieures ou postérieures; mais il inquiéta, à son grand regret,

mémoire donne à l'esprit du brillant qui enrichit l'imagination, et le coloris est un des genres de poésie du peintre.

L'harmonie dans les sons fait la *musique*, un langage que chaque musicien parle selon son organisation tout entière.

On doit à la mémoire des mots la connaissance de la table de multiplication ; il faut avec cela l'action de la configuration, de la comparaison, de la causalité et de l'harmonie pour devenir mathématicien.

PHRÉNOLOGIE

SPURZHEIM		GALL
ıraison......	(faculté réflective).	Sagacité comparative.
·abilité [1]..........	(sentiment).	
é...............	(sentiment).	Talent poétique, merveilleux.
illosité...........	(sentiment).	
ıité..............	(sentiment).	
ınce [3]............	(sentiment).	
›illance [4]..........	(sentiment).	Bonté, affabilité, conscience [4].
ation, respect.....	(sentiment).	Théosophie, instinct religieux, Dieu, la religion.

les théologiens de sa patrie, qui ne voulurent point voir dans les saintes et miraculeuses prophéties un simple phénomène naturel explicable par les sciences humaines, et le très-catholique auteur de la *Phrénologie régénérée*, et approuvée par Mgr l'évêque de Barcelone, remplaça la *pénétrabilité* par la *déductivité* : facilité à déduire des conséquences sans en percevoir les causes.

Si ce dernier phénomène se montre quelquefois dans l'esprit de l'homme, il s'explique sans l'intervention d'un organe particulier, par l'action instantanée de la pénétration avec l'équité (entre lesquelles on a placé la déductivité), qui peuvent se combiner sans se compléter par l'observation et l'imagination, indispensables pour la recherche des causes.

[2] RÉALITIVITÉ. — Cubi, n'admettant point, comme Gall et Spurzheim, un organe pour le merveilleux, les fausses visions, et pressentant peut-être que la faculté de faire des fictions, des suppositions, appelée par la céphalométrie l'*imagination*, la *causalité*, n'a d'autre but que la recherche et la démonstration des causes des différences et des analogies reconnues par la comparaison, pensa que cet organe ne produit que l'*aversion pour le doute* : un désir de donner une entité réelle à toutes sortes de conceptions, et il le nomma la *réalitivité*. Il faut cependant reconnaître que, quand l'esprit est égaré par une éducation contre nature, non basée sur l'observation, sur l'intelligence individuelle, l'aberration de l'imagination peut aller du *merveilleux* au surnaturel, au mysticisme, à l'absurde.

[3] Gall, confondant l'ESPÉRANCE avec le désir, en avait fait un attribut de chaque organe. Spurzheim, reconnaissant que l'espérance remplit l'avenir d'un bonheur imaginaire, en supposa l'organe entre ceux de l'imagination et du respect, appelé par Gall théosophie parce qu'il l'avait étudié chez ceux qui mettent leur espérance dans le ciel; l'espérance est due à la combinaison de l'imagination avec la prévoyance, l'ambition, l'amour, l'amitié et mille nuances des facultés humaines.

Broussais cite à l'appui de l'organe de l'espérance : Paris, qui de mathématicien se fait prédicateur; l'espérance lui fait sacrifier, dit-il, la certitude des mathématiques pour les illusions de l'ascétisme ; l'abbé Grégoire, qui eut toujours en vue le bonheur céleste ; et il montre cet organe très-faible sur la tête de brigands qui, d'après la céphalométrie, peuvent devoir à la ruse l'espérance de faire sans danger un coup de main avantageux.

4 BÉNÉVOLENTIVITÉ, BONTÉ, ÉQUITÉ, AMITIÉ, ABNÉGATION. — L'influence des instincts se fait sentir sur les facultés de l'esprit comme celle des facultés de l'esprit sur les instincts. L'équité, sous l'influence de la sympathie, devient la *bonté*, la *bienveillance*, la *sensibilité*, l'*estime*; et l'amitié naît de l'instinct de la sympathie ennobli par la raison, car sans cette influence la sympathie n'est que l'attachement du chien pour son maître, du mouton pour son troupeau, du chat pour la maison qu'il habite, de l'enfant pour son jouet.

Comme je l'ai déjà fait remarquer, les phrénologistes qui ont cru reconnaître la *conscience*, le sens du juste et de l'injuste, dans la fierté n'avaient plus que la qualification de *bienveillance*, de *bonté* à donner à l'organe de l'équité.

En voyant un beau front, que couronne puissamment l'équité, dans une tête où domine la sympathie, et dont la partie postérieure n'est pas élevée (ce qui indique la petitesse de l'organe de la fierté ou le défaut d'amour-propre, d'ambition, dont l'exagération est si souvent viciée en envie, en jalousie), la céphalométrie reconnaîtra l'amitié jusqu'à l'abnégation, et la phrénologie, qui n'a pas encore songé à créer l'organe de l'abnégation, croirait voir dans cette organisation l'absence de conscience, de sens moral, tandis que c'est l'*équité*, au contraire, qui, à défaut de la fierté instinctive, élève l'esprit, et, agissant avec la sympathie, nous rend sensibles au malheur des autres et nous fait oublier jusqu'à nos propres intérêts pour réparer, autant que possible, les injustices de la nature ou de la société envers ceux qui ont mérité notre amitié.

[5] Gall, après avoir visité des églises de toutes les sectes, reconnut que les personnes les plus absorbées dans leurs contemplations religieuses ont la partie du cerveau qui nous occupe très-développée, et il reconnut là l'organe de la VÉNÉRATION, du sentiment religieux auquel on doit l'idée de Dieu et de religion, et que Spurzheim nomma plus tard vénération. Combes y vit une tendance à adorer, un principe plus fort que l'intelligence même. Cubi, qui croit que l'homme doit s'humilier, s'efforcer de se soumettre aux lois immuables du catholicisme, l'a baptisé *infériorітivité!*

Si les portraits des saints nous montrent, comme le disent les phrénologistes, l'organe de la vénération très-développé, il faut aussi remarquer que la tête des grands philosophes, qui sont les pères du rationalisme, montre presque toujours aussi cet organe très-puissant.

Sans doute, si chez eux le respect eût été beaucoup plus grand que les facultés d'observer, de comparer, d'expliquer et de juger, ils seraient restés en prière devant le Dieu terrible qui a fait le chemin de l'enfer bien plus facile que celui du ciel ; mais quand le respect est le couronnement des facultés intellectuelles, le complément de la raison, alors il est pour l'homme l'amour et l'admiration du beau, du vrai, du juste.

Au lieu de penser comme le célèbre phrénologiste anglais (Combes) que la religion ne peut s'éteindre parce que la nature a placé dans le cerveau de l'homme les organes de la vénération et du merveilleux, on reconnaîtra avec la céphalométrie que la *pénétration*, en faisant comparer la terre aux millions de mondes avec lesquels elle s'équilibre, indique un ordonnateur infini dont l'*équité* est la voix, le *respect* un effet de sa grandeur, que l'*imagination* cherche et dont l'*harmonie*, qui nous fait rêver des perfections indéfinies, est la promesse.

—

ORGANES PLACÉS PAR LA PHRÉNOLOGIE AU POINT DE JO

CÉPHALOMÉTRIE	CUBI
Entre la *comparaison* et l'*imagination*.	46 *Causalité* [1]........ .....
	31 *Sailliétivité* [2]............
Entre la *comparaison* et l'*équité*......	37 *Imitativité* [3]..... ......
	36 *Mimiquivité* [4]....... .. ..
Entre la *configuration* et la *pénétration*.	15 *Mouvementivité*, concevoir, voir les événements [5].
Entre la *configuration*, la *comparaison*, l'*harmonie* et l'*imagination*.	16 *Durativité* [6]............
Entre l'*amour* et la *sympathie*........	23 *Conjugativité* [7]...........

[1] J'ai déjà expliqué que l'*imagination* est la faculté de faire des suppositions, des fictions pour arriver à la connaissance des causes des différences ou des analogies reconnues par la *comparaison*. La *causalité* est donc le résultat de l'action simultanée de ces deux organes. On doit aussi à cette combinaison les paraboles qui peuvent faciliter l'enseignement des vérités morales.

[2] De puissants organes pour la *comparaison* et l'*imagination* rendent le travail de l'esprit facile et peuvent prédisposer à la *gaieté*, à la plaisanterie.

[3] Notre admiration pour les hommes consciencieux et respectables nous indique souvent des modèles. Si Gall avait cherché l'organe de l'*imitation* chez les criminels, il ne l'aurait certes pas placé entre la comparaison et l'équité. S'il y a un organe pour l'imitation, ce doit être celui de la fierté, car il faut imiter avant d'arriver à dépasser ses modèles. (Voir p. 26, ORGANOGRAPHIE.)

UX DE LA CÉPHALOMÉTRIE, DONT ILS SONT LA CONSÉQUENCE

SPURZHEIM	GALL
ité[1]....... (faculté réflective). .... (sentiment).	Esprit d'induction, profond, métaphysique, etc.
on... .... (sentiment).	Imitation, mimique [3-4].
alité[5]........... (perceptive).	Éducabilité[5], mémoire des faits.
durée........... (perceptive).	. . . .
e, conjugativité[7].............	. . . .

[4] On montre à l'appui de l'organe de la *mimiquivité* la tête de plusieurs acteurs célèbres chez lesquels la *comparaison* est puissante, mais dont la *fierté* est souvent bien plus forte que l'*équité*. L'équité, en effet, ne joue aucun rôle dans l'imitation des gestes. Le singe imite l'homme par la même raison que beaucoup d'hommes sont singes. Il faut une raison puissante pour ne pas subir une sorte d'entraînement à faire comme tout le monde.

[5] De la combinaison de la configuration, base de la raison individuelle, avec la pénétration, naissent évidemment le désir de savoir, l'*éventualité*, l'*éducabilité* des hommes.

[6] On a placé un organe pour la *durativité* entre ceux de l'intelligence et de l'esprit, qui concourent peut-être tous à la connaissance du temps.

[7] L'amour et l'amitié, entre lesquels on a supposé un organe pour la *conjugativité*, ne sont pas toujours la cause des mariages. Souvent l'imagination trop active de la jeune

fille romanesque a fait rêver le ciel dans un mariage où elle n'a trouvé que souffrance et dégoût. Plus souvent la fierté et la circonspection, sources de l'ambition et du savoir-faire, ont fait contracter des mariages d'argent dont les mobiles n'ont point été l'amour et l'amitié, auxquels il faudrait joindre une raison éclairée, car l'homme, dans le mariage, doit se compléter en songeant qu'il fonde une famille, au lieu d'augmenter le nombre des mauvais caractères qui naîtraient inévitablement de l'union de deux organisations également défectueuses.

Ce que je viens de dire sur le mariage me donne l'idée de terminer ce chapitre par une application de la céphalométrie sur une organisation que le hasard vient de me faire étudier.

Un jeune homme de vingt-cinq ans environ, que sa fortune, une éducation soignée (à un certain point de vue), de l'instruction et une position sociale élevée font classer parmi les hommes très-distingués, me pria il y a quelques jours, dans un château où je le voyais pour la première fois, de lire dans sa tête et de lui expliquer son caractère.

Voyant l'*équité* et le *respect* déprimés, la *circonspection* très-développée, la *comparaison* prompte, la *sympathie* beaucoup plus faible que l'*amour*, la *fierté* plus forte que la *persévérance*, je répondis : La céphalométrie, qui deviendra, je l'espère, un puissant auxiliaire pour l'éducation, a pour but de faire des hommes selon le vœu de la nature et non de juger des hommes faits qui peuvent, pendant toute leur vie, lutter victorieusement, en cultivant leur raison, contre une organisation malheureuse.

Mon sujet insista.

— Monsieur, lui dis-je alors, une facilité de pénétration, de comparaison, avec une imagination active et une équité très-ordinaire donnent à votre esprit de la gaieté, de la causticité même; car la sympathie n'est pas chez vous un besoin aussi puissant que les amours faciles.

La circonspection très-grande, avec un esprit comme le vôtre, devient, non la timidité qui est facilement vaincue par la confiance en soi, mais l'habileté, le savoir-faire. Sans l'éducation distinguée que vous avez reçue, ce serait la ruse, le mensonge, peut-être le vol.

Après des dénégations parfaitement motivées, mon interlocuteur changea de conversation. (La céphalométrie trouve peu de partisans parmi les organisations défectueuses qui n'ont point été rectifiées par une éducation rationnelle.)

Le pouvoir temporel du pape était alors l'objet de toutes les conversations. On me demanda mon avis sur cette grave question.

— Lorsque l'humanité, répondis-je, devenue majeure, respecte encore les tuteurs et la vieille gouvernante de son enfance, mais a acquis le droit de choisir ses mandataires; lorsqu'elle a conquis ce que l'on appelle la liberté de conscience, le pape ne peut imposer nulle part un pouvoir temporel si les populations le lui refusent.

J'entendis alors un magnifique plaidoyer en faveur de l'ultramontanisme.

— Voilà qui m'étonnerait énormément, répondis-je, si je n'avais reconnu en vous, Monsieur, comme je viens d'avoir l'honneur de vous le dire, une prodigieuse habileté; car la céphalométrie m'apprend que vous pensez absolument le contraire de ce que vous venez de débiter avec un vrai talent. Soyez assez bon pour m'avouer franchement ce que je désire savoir, uniquement au point de vue de mes études : Pourquoi défendez-vous si bien des idées qui ne peuvent être les vôtres ? Est-ce pour obéir à une règle presque générale qui pousse toujours l'homme faible à paraître fort, l'homme fort à ne jamais dire : je veux ; l'homme d'esprit à se taire pendant que les sots font de l'esprit pour montrer ce qu'ils n'ont pas, etc. ? C'est peut-être parce que, ne connaissant pas le vrai, vous vous contentez de l'absurde que vous croyez utile ?

— Mon Dieu, Monsieur, me dit alors très-franchement mon interlocuteur, qui se sentait deviné, dans un certain monde riche et brillant cette opinion est une mode très-bien portée. Si j'y affichais vos idées avec votre franchise, cela mettrait infailliblement obstacle à un riche mariage que je me propose de faire dans une famille dévote.

— Vol de dot ! . . . . répondis-je, en ajoutant : Que pensez-vous de la céphalométrie ? Ne prouve-t-elle pas que c'est l'équité et non la fortune qui ennoblit la circonspection et la change en sagesse.

CHAPITRE IV

APPLICATION DE LA CÉPHALOMÉTRIE A LA CONNAISSANCE DES DIFFÉRENTES APTITUDES, DES DIFFÉRENTS CARACTÈRES DES HOMMES.

I

LE CÉPHALOMÈTRE

> L'antiquaire recueille avec joie quelque vieux pot cassé, quelque ferraille inutile, casque vide, vieux dard qu'amalgame la rouille; mais, pour les crânes de nos pères, ils ont été perdus.
>
> Dr Henry ROGER.

Pour bien juger, il faut comparer. C'est en établissant les différences qui existent dans les caractères des personnes qui m'ont prié d'étudier, d'expliquer leurs têtes, que j'ai le mieux prouvé la sûreté des appréciations de la céphalométrie.

Afin de pouvoir comparer, même les têtes que je ne puis rapprocher, j'ai inventé un instrument avec lequel il est facile de calquer sur du papier des têtes moulées ou vivantes. En voici la description et l'application :

Je coupe dans une feuille de plomb d'un millimètre au plus d'épaisseur une bande de cinquante millimètres de largeur et de six décimètres de longeur, que je place sur la tête dont je veux avoir le profil, en lui faisant prendre l'empreinte de sa forme jusqu'au dessous de la protubérance occipitale et du menton, en appuyant sur le crâne jusqu'à la naissance du nez et décrivant, devant le visage qui ne résisterait pas à la pression du plomb, une courbe dans laquelle je dessinerai plus tard le nez et la bouche.

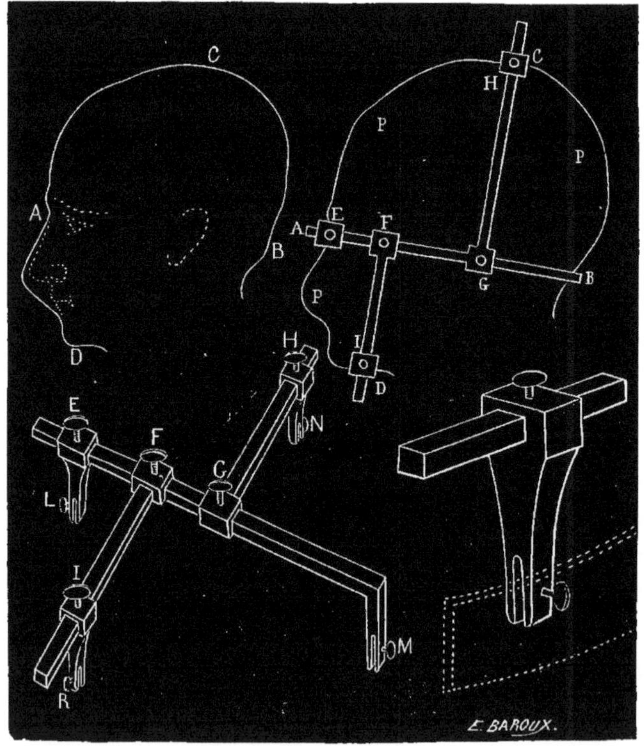

Je place ensuite sur une table ce plomb, qui a déjà pris la forme de la tête. Alors, avec un compas à quatre branches mobiles se fixant avec des vis, je le saisis aux quatre points A-B-C-D avec les vis L-M-N-R; je le replace sur la tête pour en reprendre plus exactement encore la ligne médiane; je serre les vis E-F-G-H-I et je retire le plomb ainsi fixé; puis, avec un crayon qui en suit intérieurement les contours, je dessine sur papier blanc des têtes que je découpe pour les coller ensuite sur un fond noir. J'indique en millimètres les largeurs bitemporales, bipariétales, etc., et j'obtiens, pour l'étude de la céphalométrie, l'équivalent d'une tête en plâtre moulée sur nature. (Voir la lithographie placée à la p. 78 et comparer cette tête, où l'observation, l'harmonie et la persévérance sont des organes dominants, avec celle d'une prostituée, *fig.* 2, d'un sauvage caraïbe, *fig.* 3, d'un idiot, *fig.* 4.)

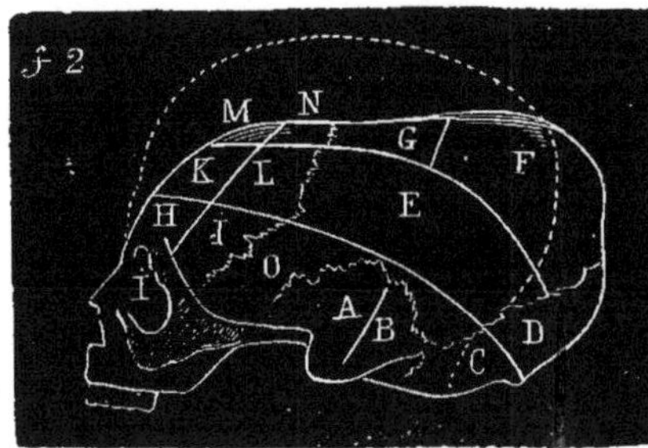

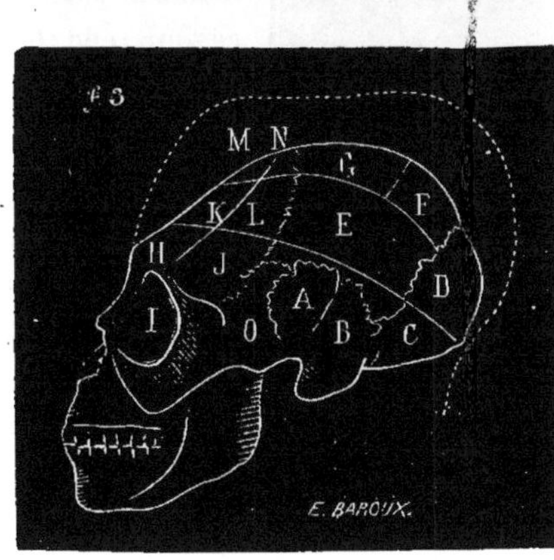

En dessinant le visage il est essentiel d'indiquer avec précision la place de l'*œil*, plus ou moins rapproché de la

naissance du nez et du sourcil, et de l'*oreille*, plus ou moins haute, plus ou moins rapprochée de la protubérance occipitale.

Par ce moyen, il est facile de remplacer, par des dessins dans des cartons, les collections de crânes et de têtes moulées d'après nature, qui prennent beaucoup de place et sont très-difficiles à transporter.

Ces collections, qui m'ont été indispensables pour mes études, sont nécessaires pour exercer le coup d'œil, afin d'arriver à reconnaître à première vue en quoi chaque tête diffère des types que l'on prend comme termes de comparaison.

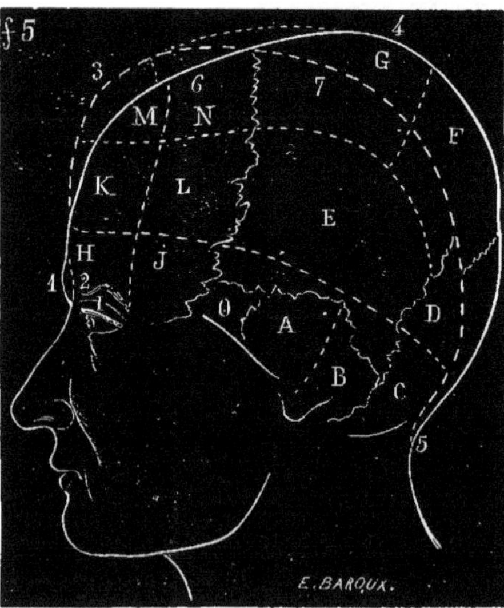

Souvent, pour comparer des têtes, je les calque sur la même feuille de papier, ce qui rend les différences très-saillantes comme dans la figure ci-contre, ou la tête 1-6-4-5, intelligente, forte et fière, est bien différente de celle 2-3-7-5, dans laquelle, malgré l'élévation du front, l'absence de la configuration, de la persévérance et de la fierté doit causer la faiblesse.

Avec un peu d'étude, on se rendra facilement compte des différences qui existent entre les caractères 1-3-4-5, 1-3-7-5, 1-6-4-5, 1-6-7-5, 2-3-4-5, 2-3-7-5, 2-6-4-5 et 2-6-7-5. En combinant avec ces différentes formes médianes les différentes largeurs de la tête, on arrivera à la connaissance parfaite des dispositions naturelles que l'éducation doit développer, harmoniser et utiliser.

Comme on le voit, la céphalométrie n'est point un système que le premier venu peut apprendre par cœur pour enrichir son érudition : c'est une science d'observation que tout le monde pourra utiliser, mais dont la puissance grandira indéfiniment avec l'intelligence, l'esprit et l'expérience de tous ceux qui s'en serviront.

II

LES SINUS FRONTAUX[1]

Le sinus frontal est un creux que l'on remarque entre les deux tables du crâne sur l'organe de la configuration (sens et mémoire des formes, base de l'observation, de la raison individuelle). Il a fait dire aux ennemis de la phrénologie que les protubérances du crâne n'indiquent pas toujours les développements du cerveau.

Il n'existe jamais chez les enfants; on le trouve dans la tête de presque tous les hommes de la foule; mais je possède des crânes de peintres et d'observateurs rationalistes qui ne présentent point cette cavité.

Je l'ai trouvé chez tous les animaux domestiques; jamais chez les renards, les chevreuils, les cerfs et beaucoup d'autres animaux libres qui existent dans les pays où j'ai fait mes observations.

Il est énorme chez les moutons, les chiens de berger toujours esclaves, moins grand chez les chiens de chasse, les chats, jouissant de plus de liberté; il n'existe point chez des chiens qui n'ont jamais été enchaînés ni enfermés.

[1] J'ai publié ce chapitre dans le journal *l'Ami des Sciences*, numéro du 4 mars 1860, en demandant le concours de tous les savants pour vérifier et continuer mes observations sur les sinus frontaux.

Voici ce que j'ai cru devoir conclure de ces observations :

Le sinus frontal, loin d'être une preuve contre la phrénologie, trouve l'explication de son existence dans la céphalométrie, qui est un schisme de la science de Gall, généralement bien accueilli, même par des fidèles.

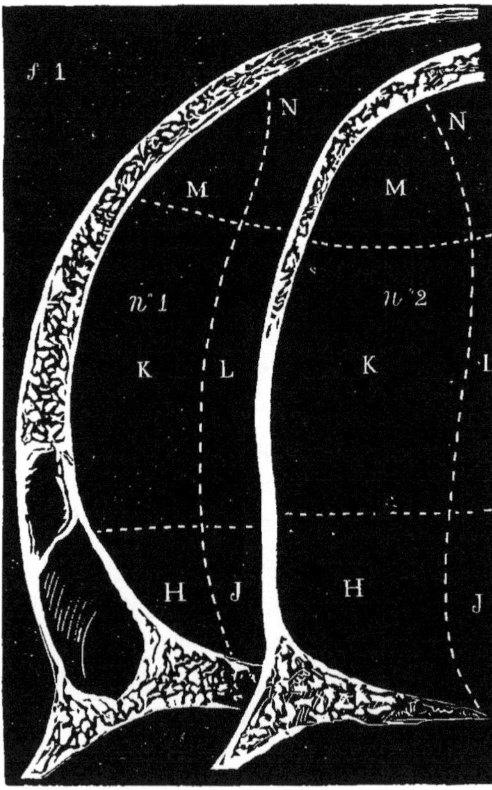

Il a pour cause la diminution d'un organe devenu inactif par la privation de chercher, de voir, de juger par soi-même ; il est une preuve de domestication, d'esclavage ou d'habitudes contre nature, il est un vide dans l'intelligence[1].

[1] La figure ci-dessus représente l'épaisseur de deux frontaux de grandeur naturelle.

L'éducation de l'homme devrait être la culture de l'intelligence et de l'esprit; c'est-à-dire l'exercice de tous les organes qui le mettent en rapport avec le monde physique et le monde moral, par le développement de la raison individuelle.

Pour diriger les hommes selon le vœu de la nature, il faudrait, en suivant l'ordre dans lequel les aptitudes se développent, faire *observer*, *comparer*, *expliquer*, *juger* et *respecter*.

Au lieu de cela, pendant l'enfance et l'adolescence, on ne s'occupe que d'une instruction systématique et contre nature.

Au lieu d'étudier les différentes aptitudes des hommes auxquels la nature a imposé : la société, la solidarité et l'inégalité, c'est-à-dire les différentes vocations qui rendent à la

Le premier est celui d'une femme d'une foi sans bornes, morte en odeur de sainteté dans un cloître. Chez elle le respect, sans la persévérance et la fierté, a constamment causé l'humilité, l'adoration d'un Dieu personnifié, le mysticisme, en laissant complétement inactif l'organe de l'observation, base de la raison individuelle, presque entièrement perdu. Le sinus frontal s'étend jusque sur la comparaison.

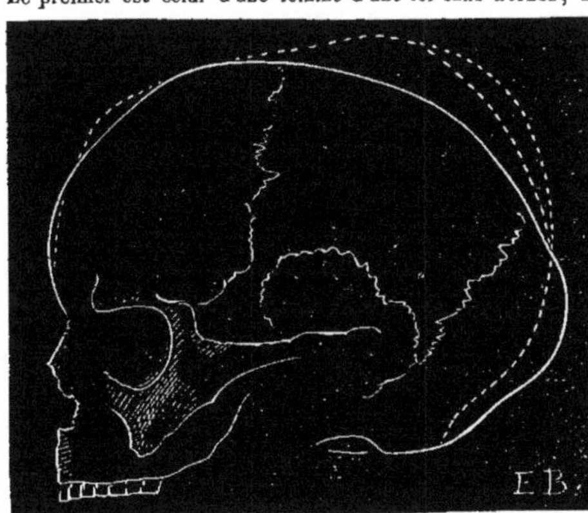

Le second est celui d'une actrice dont l'intelligence et l'émulation ont été beaucoup plus exercées que les organes de l'équité et du respect, sur lesquels l'os s'est épaissi. C'est à la puissance de la persévérance et de la fierté (imitation, émulation, ambition), qui ont été ses principaux mobiles, que cette femme a dû une certaine célébrité. (Voir sa tête pointée sur la figure ci-dessus, représentant le crâne de la religieuse dont je viens de parler.)

civilisation les différents services qu'elle réclame pour se perfectionner, on surcharge la mémoire de mots le plus souvent inutiles, on impose une foi sans consulter la raison individuelle, sans rien demander à l'observation, dont l'organe inactif diminue. Les deux tables du crâne, qui ne laissent jamais de vide entre elles et le cerveau, se séparent pour suivre la diminution qui s'opère, et le sinus est formé.

Alors, le plus souvent, l'homme n'est qu'un écho ou un singe, et il serait complétement domestiqué si, au sortir de l'école, il n'avait respiré l'air de notre grand siècle de transition; mais l'influence du sinus est déjà puissante, et, comme l'a dit M. de Lamartine : « Sa foi s'éteint, sa raison sans ardeur se refroidit; son âme se dessèche; son enthousiasme se change en indifférence, en découragement. Il ne lui reste d'une pareille éducation que juste assez des deux principes opposés dans l'âme pour que cette âme soit en guerre intestine, et pour qu'elle ne puisse pas vivre en paix avec elle-même. »

Il est donc très-important de vérifier, sur un grand nombre de têtes d'hommes et d'animaux, cette théorie, qui, lorsqu'elle sera confirmée, pourra indiquer les principales modifications à apporter à l'éducation et à l'instruction actuelles, dont le principal but n'est point de faire connaître et utiliser le beau, le vrai, le juste; mais d'encombrer une porte presque sans issue : le baccalauréat ès lettres, d'une foule innombrable d'hommes trop souvent sans foi et sans raison, devenus à charge à eux-mêmes, à leurs familles, à la société, et qui, s'ils avaient cultivé spécialement des aptitudes particulières, auraient trouvé leurs places naturelles dans le grand concert des sciences, des arts, de l'industrie.

L'égoïsme des satisfaits a de tout temps préféré l'érudition qui ravive et répand la connaissance du passé, des sciences de convention, des vieilles doctrines, bases de leur bien-être, à la science qui ne s'arrête jamais, parce que le but vers lequel elle marche, c'est le vrai, c'est l'infini, c'est Dieu.

En demandant aux savants la vérification de cette théorie des sinus frontaux, je crois devoir leur faire observer que chez les vieillards les sinus se forment presque toujours, parce que l'organe de la configuration, base de l'observation, excité dès l'enfance par la nouveauté de tout ce qui frappe les regards, reste souvent inactif à l'âge où l'on se repose; que le peu d'étendue de nos forêts remplies de gardes, de bûcherons et de chasseurs peut avoir de l'influence sur la liberté de certains animaux qui se cachent pendant le jour et sont dirigés la nuit bien plutôt par l'odorat que par les yeux; et enfin qu'on reconnaîtra toujours un sinus dû à la non-activité d'un organe du cerveau, d'un sinus qui pourrait être dû à la structure particulière de la tête de certains animaux, en s'assurant si le crâne de leurs petits présente la même configuration que celui de leurs mères; car aucun animal naissant n'a les sinus, qui sont dus à la diminution de l'organe qu'ils recouvrent.

Quand l'homme aura définitivement conquis le monde, sa tête ne montrera plus le sinus frontal, qui deviendra peut-être alors le signe de la domestication de tous les animaux.

CHAPITRE V

ÉDUCATION

Ce n'est pas une âme, ce n'est pas un corps qu'on dresse, c'est un homme : il n'en faut pas faire deux ; et, comme dit Platon, il ne faut pas les dresser l'un sans l'autre, mais les conduire également comme une couple de chevaux attelés au même char.

MONTAIGNE.

Si notre siècle connaissait mieux ses forces, avait le courage de les prouver et la volonté de les augmenter en les exerçant, on aurait lieu d'attendre de plus grandes choses que de l'antiquité où l'on cherche ses modèles, car, le monde étant plus âgé, la masse des expériences et des observations s'est accrue à l'infini.

Le chancelier BACON.

L'enfant, c'est l'avenir! L'instruire, le moraliser, le fortifier, c'est le droit et le devoir de la famille, de la commune, de l'État.

Aug. VACQUERIE.

La véritable éducation consiste moins en préceptes qu'en exercices.

J.-J. ROUSSEAU.

Donnez-moi l'éducation et je transformerai le monde.

LEIBNITZ.

Il était sage et légitime que l'État, appréciateur vigilant des exigences sociales, conservât le droit d'instruire la jeunesse et n'abandonnât à personne le soin exclusif de la préparer au service et à l'amour de la patrie.

M. ROULAND, ministre de l'instruction publique.
(*Discours au concours général*, 1860.)

Les anatomistes ont remarqué que, dans le cerveau des enfants nouveau-nés, les fibrilles nerveuses qui en indiquent l'activité sont visibles dans les lobes postérieurs et moyens, organes des instincts, longtemps avant celles du lobe antérieur, qui est l'organe de la raison.

La mère a donc, d'abord, la direction complète des instincts de son enfant, privé en naissant des facultés intellectuelles et spirituelles qui s'éveilleront successivement. Alors, attentive, elle exercera, dirigera, harmonisera ces facultés dans lesquelles son enfant trouvera la raison individuelle, le guide qui doit la remplacer un jour.

Si cette raison, guide naturel des instincts, est déjà puissante chez la mère, la première impulsion donnée aux instincts de son enfant sera conforme au vœu de la nature.

Pour exercer les facultés intellectuelles et spirituelles dans l'ordre où la nature leur donne de l'activité, elle fera voir, beaucoup voir, elle exercera toutes les sensations qui, associées par l'harmonie, mettront le petit enfant en rapport avec le monde physique, grand et magnifique théâtre sur lequel il doit jouer un grand rôle. Puis elle lui fera comparer entre eux tous les produits de l'intelligence; elle l'aidera, le dirigera plus tard dans la recherche des causes des différences et des analogies reconnues par l'observation et la comparaison. Bientôt l'équité viendra compléter la raison du nouveau membre de la grande famille humaine qui, reconnaissant la sublime mission si bien remplie par sa mère, couronnera lui-même l'œuvre en sentant s'éveiller en lui le respect, c'est-à-dire l'amour et l'admiration du beau, du vrai, du juste.

Voilà l'éducation scientifiquement rationnelle.

Si, contrairement à l'ordre établi par la nature, la mère a commencé par effrayer son enfant en remplissant son imagination de fictions épouvantables qu'elle impose à son respect à peine éveillé, dont elle dénature l'action avant même que l'observation et la comparaison aient pu former des idées individuelles, elle a faussé la raison de son fils.

Après une pareille éducation, une instruction également vicieuse enseigne des idées, des sciences de convention, l'argutie, etc., et l'homme est domestiqué ou mieux complétement vicié selon la mode du temps et du lieu [1].

Si, ce qui est fréquent, quelques organisations puissantes s'harmonisent par la seule force de la nature, assez pour reconnaître l'erreur et le mensonge, pas assez pour découvrir la vérité, loin de respecter la mère, les maîtres, les lois, ces malheureuses victimes d'une éducation contre nature arrivent à la virilité pour lutter vainement contre une civilisation menteuse, ou, le plus souvent, pour jouer un rôle avantageux dans le monde, qui n'est à leurs yeux qu'une grande comédie.

Lorsque, éclairés par la céphalométrie, les mères, les instituteurs se connaîtront eux-mêmes et verront les différentes aptitudes de leurs élèves, ils aideront, dirigeront et ne contrarieront jamais la nature. Ils ne feront point ployer le caractère fort et ne tenteront point de rendre fort le caractère doux et faible; mais ils apprendront à l'un à ne vouloir que des choses utiles, justes, raisonnables; à l'autre à se choisir un appui. Ils rendront utiles à la société, au bonheur indi-

[1] L'homme ne peut être heureux que par la vérité, et son sort est de vivre environné de mensonges : il n'a pas même le choix de ces mensonges. Sa nourrice, sa famille, son pays, son époque le saisissent dans son berceau pour le tordre et le façonner à leur guise. Naître à tel degré de latitude, c'est recevoir d'un petit coin de terre nos préjugés, nos mœurs, nos opinions, notre religion; c'est être Chinois, Français, Hottentot.

Aimé Martin.

viduel tous les penchants, toutes les aptitudes qu'ils sauront reconnaître avant que le sujet étudié ait pu s'en rendre compte à lui-même. (Voir p. 41, Défauts.)

Ils n'oublîront jamais que l'enfant qui a la mémoire des mots pourra briller facilement avec l'esprit des autres, aura de grandes dispositions pour les sciences de convention, et que, dans ce cas, il est urgent d'exciter l'observation, l'esprit individuel, la raison dont les organes sont souvent alors paresseux.

Ils n'abrutiront plus par des punitions l'enfant qui n'apprend rien par cœur, parce que la mémoire locale, que souvent il aura développée, prédispose aux sciences naturelles, aux arts, à l'industrie, est la base d'un bon jugement; parce que l'amour du vrai, de l'utile est un puissant stimulant pour donner de l'activité aux facultés les plus faibles.

Lorsque le jeune homme ainsi cultivé prendra la direction du reste de sa vie, avec un esprit fort il pourra créer des voies nouvelles, avec une organisation ordinaire il trouvera un grand auxiliaire dans son respect pour les hommes supérieurs et les lois de son pays.

L'éducation n'est donc point le pétrissage et la mise en moule de toutes les intelligences, de tous les esprits, pour les préparer à l'obéissance, à la servitude, mais l'art de développer, de diriger, d'harmoniser et d'utiliser toutes les facultés auxquelles les hommes doivent la raison [1].

[1] « Peut-être, comme bien d'autres femmes, tu seras seule sur la terre. Eh bien! que le cœur paternel te donne une protectrice, une patronne sérieuse et fidèle qui ne te manquera jamais. Je te voue et te dédie, ô ma chère fille! à la vierge d'Athènes, je veux dire à la Raison. »

Michelet.

Il faut cultiver l'humanité, développer, diriger, harmoniser, utiliser, en nous d'abord, puis dans les autres, toutes les facultés humaines; faire naître partout la raison individuelle, le flambeau devant lequel s'annihileront un jour toutes les ténèbres des premiers temps, tous les cultes adressés à un Dieu personnifié par l'ignorance, l'imagination et le mensonge.

Il faut réunir dans la religion humaine, naturelle, sociale tous ceux qui ne sont plus aujourd'hui esclaves d'un prétendu droit divin inventé par la politique des temps passés. Le culte de cette religion a pour but de produire sur la terre la connaissance et l'amour du vrai, qui seul peut élever l'homme jusqu'à Dieu.

Pour arriver à ce but qui semble une utopie, tant il est loin de ce que nous voyons aujourd'hui, il suffira de donner un rang plus élevé aux instituteurs primaires qui, répandus jusque dans le fond des campagnes, pourront, en quelques années, régénérer l'humanité.

Dans l'école primaire, où l'éducation et l'instruction doivent être indivisibles, le directeur, la directrice s'occuperont de morale bien plus que d'érudition. Ils enseigneront non-seulement à lire, à écrire, à compter, mais encore à être sage, utile, raisonnable dans la grande acception céphalométrique de ce mot, et, par conséquent, vertueux et heureux.

L'instituteur sera l'intermédiaire entre l'homme qui pense et l'homme qui pioche; il réunira périodiquement les habitants de sa commune pour leur dire : Vous avez nourri la ville en lui envoyant le fruit le plus pur de vos travaux; la ville, qui veut pratiquer enfin le grand dogme de la solidarité, vous donne en échange, par mon intermédiaire, le fruit le plus pur, le plus intéressant, le plus utile des travaux de ses industriels, de ses savants, de ses penseurs. J'ai mission de vous dévoiler les grands mystères de la science, de vous faire comprendre les miracles de la vapeur, de l'électricité, de vous enseigner l'application des sciences à l'agriculture, etc., etc., de vous faire partager les joies pures que procurent les travaux de l'esprit, la conquête de la vérité toujours simple, claire, sublime, qui doit remplacer chez les uns les croyances aux sorciers, aux revenants, aux démons, et remplir chez les autres le vide qu'a fait dans leur âme la lueur des lumières du siècle en dissipant les vaines croyances sans y apporter le savoir.

Peut-être alors le grand problème qui a pour but de combattre la migration des habitants des campagnes vers les villes sera résolu.

Mais ce que l'instituteur ne devra jamais oublier, c'est la liberté de conscience, première conquête du progrès sur l'intolérance des anciens cultes. Sa morale ne devra heurter directement aucune croyance religieuse reconnue par l'État, parce que la loi civile permet au père qui envoie son fils à l'école, où l'on apprend à être citoyen utile, de l'envoyer aussi, s'il le juge nécessaire, au prêtre, qui ne doit avoir pour mission que d'enseigner le chemin du ciel [1].

Les enseignements de la morale sociale doivent être, pour tous les cultes reconnus par un peuple civilisé, le plus solide fondement, sur lequel s'élèvera naturellement le rationalisme scientifique, la religion humaine, toutes les fois que s'évanouira la foi, dont le prêtre lui-même reconnaît la fragilité.

Un prêtre instruit, auquel, sur sa demande, je venais d'expliquer ma doctrine, m'a dit : « Permettez-moi, Monsieur, de vous regarder comme un ami. Les lignes que nous suivons sont parallèles. Si elles ne doivent jamais se rencontrer, elles ne devraient jamais non plus s'éloigner l'une de l'autre. Nous dirigeons par la foi les âmes qui ont besoin de consolation et d'espérance, et vous maintenez dans la route du travail, du devoir, du progrès ceux qui n'ont pas le flambeau de la foi pour se diriger dans la vie. »

Hélas! qu'on rencontre parmi les prêtres catholiques peu d'exemples d'une si noble tolérance!

En reconnaissant ici que l'éducation et l'instruction doivent être obligatoires, il faut remarquer aussi que l'enfant qui partage pour la première fois d'une manière utile les travaux de la famille éprouve la première et la plus sainte des joies réelles de sa vie; l'école primaire ne doit donc point le retenir toute la journée loin de l'atelier du père ou de

[1] Si César n'a pas la sage précaution d'éclairer l'esprit des générations nouvelles par le perfectionnement des systèmes d'instruction primaire et de ne laisser aux corporations cléricales d'autre influence que celles qu'elles peuvent exercer dans l'intérieur du temple; si César n'a pas cette précaution, il peut être assuré que la corporation cléricale envahira son domaine, sous prétexte que son domaine est le domaine de Dieu.

Louis JOURDAN. (*Siècle* du 15 janvier 1862.)

la mère, car, lorsqu'il arrive à l'âge de quinze ans sans avoir fait autre chose que de noircir du papier et user des grammaires, des catéchismes, etc., il devient rarement un habile ouvrier. (C'est souvent avant l'âge de cinq ans que l'on a mis sur un clavier les mains des pianistes qui nous étonnent.) Trop souvent sa tête est remplie d'illusions ; au lieu de demander à un travail utile et habilement exécuté l'aisance, le bonheur, il maudit la société; son ambition devient de l'envie, et il s'écrie avec amertume : Pourquoi ne suis-je pas riche aussi !

Un jury composé d'hommes distingués par leurs sciences et leurs vertus morales sera chargé de surveiller les écoles et d'examiner à la fin de leurs cours les enfants qui recevront, quand ils l'auront mérité, le diplôme de citoyen français avec lequel l'homme pourra voter et fonder une famille par le mariage. Cet honneur sera refusé aux idiots, à ceux qui n'auront pu subir d'une manière satisfaisante leur examen sur la lecture, l'écriture, le calcul et les principes de la morale sociale ou le bon sens individuel cultivé[1]. Ces malheureuses organisations (une très-rare exception) qui n'auront pu atteindre ce premier degré des humanités resteront mineures sous la surveillance de la famille ou de la société; on les utilisera autant qu'il sera possible de le faire, mais sans pouvoir les rendre responsables de leurs actions comme ceux qui ont agi avec discernement.

M. Jules Talrich, préparateur d'anatomie humaine, chargé par le directeur d'une colonie pénitentiaire de

[1] Les enfants doués d'une organisation exceptionnelle, qui auront brillé dans ces examens, devront passer gratuitement aux cours supérieurs qui, pour les autres élèves, seront rétribués par les familles, et ne seront point obligatoires.

jeunes détenus de modeler une leçon de morale en deux bustes représentant : l'un, le *travail*, la *vertu*, la *santé*, l'autre, la *paresse*, le *vice*, la *maladie* [1], me pria de l'aider de mes conseils pour les deux configurations différentes qu'il devait donner à ces deux têtes, sur lesquelles il désirait écrire l'organographie de la céphalométrie.

Je crois utile de transcrire ici la lettre que je lui écrivis à ce sujet le 6 octobre 1861 :

« MONSIEUR,

« Il y a quelques jours, en revenant du congrès scientifique de Bordeaux, j'ai visité la colonie pénitentiaire de Mettray avec le plus grand intérêt. J'y ai reconnu facilement, sur la tête d'un grand nombre de colons, les causes qui ont pu motiver leur arrestation.

« Là l'imbécillité est rare. Souvent la *persévérance* et la *fierté* non équilibrées par les organes de la raison, trop petits et viciés par une éducation mauvaise, causent les caractères séditieux et indépendants qui troublent la société et commencent dès l'enfance la révolte contre l'autorité paternelle pour débuter dans la vie par le vagabondage.

« Quand ces mêmes facultés qui, dirigées par la raison, sont la force de caractère, la constance, l'émulation (si indispensables aux succès), la dignité, l'honneur, etc.; quand,

[1] M. J. Talrich, anatomiste, modeleur en cire de l'École de Médecine, rue de l'École-de-Médecine, 41, à Paris, a mis en vente ces deux bustes topographiés d'après la céphalométrie.

dis-je, la persévérance et la fierté font défaut en même temps que l'équité et le respect, les instincts de la circonspection, de l'alimentivité, de la défensivité et de l'amour (génération) deviennent la source du mensonge, du vol, de l'ivrognerie, de la brutalité, du meurtre, de tous les vices les plus bas.

« Le buste de votre malheureux coupable, que la paresse a conduit de la misère au crime et à la maladie, ne doit pas être déshérité des organes qui complètent l'homme, car avec une mauvaise organisation il ne serait pas responsable. C'est la nature qui aurait été injuste envers lui. Il faut, au contraire, qu'il soit doué de toutes les qualités utiles, afin de faire comparer l'état dégradant où il s'est laissé précipiter volontairement par la paresse et son cortége : la misère, la tricherie, etc., avec le bonheur qu'il aurait trouvé dans une vie de travail, toujours heureuse quand, comprenant la solidarité, on sait utiliser au bénéfice de la société les facultés que la nature nous a données.

« La société doit punir, jamais pour se venger, toujours pour empêcher le mal de se reproduire, pour refaire une éducation manquée, pour rendre plus lourd le plateau du bien dans la balance où l'homme pèse pendant toute sa vie ce qui lui paraît le plus favorable à ses intérêts, à ses plaisirs, qui doivent consister surtout dans la joie de contribuer au bonheur des autres.

« Quand une organisation est tellement défectueuse qu'il est impossible de l'utiliser, il ne faut pas punir le malheureux monstre, mais le séparer de la société qui a le droit de se protéger, le placer dans des conditions de bien-être, sous une surveillance constante, pour toujours, s'il ne peut jamais être rendu à la liberté sans danger pour la grande famille humaine.

« Les mauvaises organisations sont, le plus souvent, léguées par les parents, qui ont vicié et activé les organes de leurs instincts en laissant s'atrophier ceux de l'équité et du respect, et qui, quand ils se marient, loin de songer à se compléter en cherchant dans leurs conjoints les facultés qui leur manquent, ont souvent marié des organisations également vicieuses [1].

« Faites donc, Monsieur, pour le travail qui vous est commandé, deux fois à peu près la même organisation, ni puissante, ni défectueuse, avec deux physionomies bien différentes, parce que sur l'une, abandonnée à elle-même ou à une mauvaise éducation, vous pourrez écrire tous les vices, toutes les aberrations de l'esprit; sur l'autre, au contraire, une éducation rationnelle, qui n'aura pas fait disparaître sans doute tous les défauts, vous permettra d'écrire un grand nombre de qualités utiles.

« Veuillez agréer, etc. »

Le but que j'entrevois et que l'on croit impossible à atteindre, parce que, dit-on, les hommes ne peuvent être des anges [2], nous en serons bien près le jour où la céphalomé-

[1] Heureusement les attractions naturelles sont harmonisées : les petits hommes aiment les femmes grandes, les femmes laides recherchent la beauté qui leur manque, et les femmes qui ont la beauté préfèrent souvent les beaux caractères. « Il existe, comme le dit Descuret (*Médecine des passions*), une affinité, une harmonie secrète entre deux natures, entre deux caractères différents qui s'unissent, se tempèrent et se complètent. »

[2] Le rationalisme n'a pas la prétention de faire de tous les hommes des sages : tous les chrétiens n'ont pas été des saints; mais il doit réunir les efforts de tous les honnêtes gens pour défendre et améliorer la société civile, pour utiliser la nature entière au bien-être de l'humanité.

trie, qui démontre le code naturel de la morale sociale, aura acquis une place en France parmi les sciences officielles[1].

[1] On m'a dit qu'à l'Institut, l'Académie des sciences étant séparée de l'Académie des sciences morales et politiques, les savants ou les moralistes séparés ne peuvent s'occuper de la céphalométrie, qui est le trait d'union entre les sciences physiques et les sciences morales et politiques. Serait-ce là le motif qui a retardé jusqu'à présent le rapport sur la céphalométrie soumis à l'appréciation de l'Académie par S. Exc. le ministre de l'instruction publique et des cultes, le 3 mai 1859 ? J'aime mieux croire qu'on attendait les développements que je donne aujourd'hui, et que je ne croyais pas indispensables à des savants, observateurs consciencieux, pour reconnaître la vérité et déduire toutes les conséquences d'une découverte simplement exposée.

CHAPITRE VI

VOLONTÉ, LIBERTÉ ET LIBRE ARBITRE

> Si l'industrie, substituant la machine au bras de l'homme, lui permet de relever le front que courbait un pénible labeur, c'est pour qu'il puisse porter ses regards plus loin et plus haut.
>
> Le prince NAPOLÉON. (*Discours à Limoges.*)

> Souvenez-vous qu'on ne conquiert la liberté que par le sérieux, le respect de soi-même et des autres, le dévouement à la chose publique et à l'œuvre spéciale que chacun de nous est chargé dans ce monde de fonder ou de continuer.
>
> Ernest RENAN, membre de l'Institut. (1862.)

I

LA VOLONTÉ

Un théologien m'a écrit : « Votre nouvelle organographie du crâne humain est ingénieuse ; malheureusement elle ne peut être vraie, car vous classez parmi les instincts la volonté, qui doit nécessairement être une faculté de l'âme spirituelle.

J'ai dit : *malheureusement*, car, je suis obligé de le reconnaître, une science positive, base naturelle de la morale, serait un auxiliaire bien utile pour la direction de l'humanité dans les progrès de la civilisation. »

J'ai répondu : Ce n'est pas à l'érudition, qui trop souvent perpétue les erreurs, ni à l'imagination et à l'inspiration qui ont égaré tant de penseurs et d'écrivains de bonne foi, mais bien à l'observation, à l'étude constante de la nature, que sont dues la découverte de la localisation des organes primitifs de la céphalométrie et l'explication des nuances innombrables qui résultent de la combinaison des facultés.

La persévérance, dont les sutures du crâne ont classé l'organe parmi ceux des instincts, a été donnée aux animaux pour surmonter les obstacles qu'ils rencontrent souvent dans leur vie.

Dirigée chez l'homme par la raison, cette faculté devient la volonté, qui n'est autre chose que la persévérance raisonnée, le résultat de l'harmonie de l'âme avec le corps. Pour que la volonté soit durable, il faut que l'organe de la persévérance soit puissant.

La persévérance est la continuité de l'action des facultés instinctives, intellectuelles et spirituelles, c'est-à-dire de tous les désirs, de toutes les répulsions. Elle peut n'emprunter aux facultés de l'esprit que la *comparaison*, source de la préférence, et créer, sans le concours de la causalité, de l'équité et du respect, les volontés les plus diverses, les plus dangereuses. De là la nécessité d'harmoniser autant que possible, par une éducation scientifiquement rationnelle, toutes les facultés auxquelles on doit la raison individuelle, afin que la persévérance raisonnée soit toujours la volonté raisonnable.

D'après les théologiens eux-mêmes, si l'âme spirituelle, à laquelle seule ils veulent accorder la volonté, devait, après la mort du corps, jouir éternellement, comme ils l'enseignent, d'une existence immatérielle, elle ne pourrait être alors, je pense, qu'adoration, contemplation d'un Dieu esprit, éternel, infini, dont la splendeur se manifesterait en dehors des mondes visibles, ce qui n'aurait aucun rapport avec la volonté dont il s'agit. (Voir p. 120, LE PROBABLE.)

—

II

LA LIBERTÉ ET LE LIBRE ARBITRE

La liberté, dit Cubi, est la facilité, le pouvoir acquis d'accomplir un désir ou d'éviter l'objet d'une répugnance. Cette liberté grandit avec le nombre des facultés que la nature a données pour arriver à cette satisfaction. Il cite à l'appui de cette opinion la liberté de la destructivité, qui chez l'animal est due à l'alimentivité, à la combativité, à la conservativité, et qui chez l'homme grandit par la combinaison de ces facultés avec celles qui tendent au plaisir d'autrui, à l'utilité comme au bien général, au perfectionnement de la patrie. D'où il tire cette conséquence : que plus l'homme s'assimile aux bêtes par l'ignorance moins il est libre.

D'après la céphalométrie, ce sont les progrès de la raison individuelle qui donnent à l'homme la liberté de se soustraire à la domination des instincts, mais pour lui imposer l'accomplissement de ses devoirs, et la raison collective donne à l'humanité le droit de révolte contre tout despotisme contraire aux lois divines, naturelles, de la morale et du progrès.

Une femme qui s'occupe spécialement d'éducation, douée d'une puissante organisation dont l'harmonie n'est rompue que par le développement peut-être trop grand de la persévérance et de la fierté d'où naît un penchant à l'indépendance, m'a fait l'honneur de m'écrire pour me demander pourquoi la céphalométrie, qui montre sept organes pour la raison, sept organes pour les instincts, et ne reconnaît que six amours dont l'harmonie constitue la perfection humaine, n'admet pas un septième amour : l'amour de la liberté.

Vous reconnaîtrez, je l'espère, lui ai-je répondu, pourquoi l'amour de la liberté n'a point trouvé place parmi les amours inscrits au cerveau de l'homme comme des lois éternelles pour y créer, par leur harmonie, le code sublime de la raison, de la morale.

Des hommes de génie, cependant, n'ont pas remarqué que les six amours de la vie, des autres, de soi, du beau, du vrai, du juste nous interdisent le droit de méconnaître l'autorité de ces lois naturelles de l'humanité dont la violation s'appelle licence, anarchie, débauche, orgie, abrutissement [1].

Comme je l'ai déjà dit, la liberté n'est que le droit d'aimer, de chercher, de prouver, d'utiliser le vrai, et de se révolter contre tout despotisme contraire à la raison, au progrès.

Nous avons tous le droit de chercher sur toutes les routes les vérités dont la conquête n'a pas encore couronné les efforts de l'humanité.

Toute vérité, toute découverte scientifique trouvera tôt

[1] Cicéron définit ainsi la liberté : « la puissance de vivre à sa fantaisie, et sans aucune cause qui nous contraigne à faire une chose plutôt qu'une autre. »

ou tard son application au perfectionnement de la société humaine qui grandit avec l'harmonie des vérités acquises.

Mais la liberté de répandre des doctrines contraires aux vérités démontrées scientifiquement ne peut être revendiquée que par ceux qui, ne croyant point en Dieu, à la divinité des lois éternelles de la nature, veulent inventer le principal rouage de l'univers pour le mettre à la place de ce qui, pour eux, n'est que le hasard [1].

Pour lutter victorieusement contre ces partisans de la nuit, il suffit d'allumer le flambeau divin que la presse, les chemins de fer et le télégraphe électrique feront rayonner sur toute la terre.

Les Grecs et les Romains avaient fait de la liberté une divinité fille de Jupiter et de Junon.

La déesse de la liberté, en France, était aussi fille de la force brutale et de l'orgueil. C'est en voyant sa statue que Mme Roland, montée sur l'échafaud, s'écria : « O Liberté, que de mal on fait en ton nom ! »

La Liberté est une divinité non déchue, mais mal nommée, car ses adorateurs les plus fervents écrivent aujourd'hui sur leur bannière : « La *liberté* est la *dépendance* des devoirs. »

Pour moi je la vois belle, calme, forte, fière, lançant la foudre, encourageant les sciences pour écraser le mensonge, pendant qu'elle se laisse enchaîner avec amour par la raison, et je la nomme *la philosophie*.

[1] Des ultramontains m'ont dit : « Que mettrez-vous à la place du ciel et de l'enfer pour nous qui ne croyons pas à la morale ? »

Avec son bonnet rouge et ses allures de femme libre, elle serait aujourd'hui un croquemitaine placé, par les vieilles habitudes qui nous bercent depuis trop longtemps, à la porte du paradis terrestre de l'avenir, pour nous effrayer et nous empêcher d'aller en goûter les fruits.

Le philosophe est esclave de ses devoirs. Le libertin est esclave de ses caprices.

Le premier a la force de se maintenir sur la route du progrès scientifique, moral, social, humain. Le second, qui se croit libre en secouant le joug de la raison, voit ses instincts sans guides se vicier, dégénérer en passions, et l'habitude du mal qui l'entraîne sur une pente rapide devient un despote plus puissant que la raison, qui enlève à l'homme vertueux la liberté de nuire, en lui imposant l'obligation de faire le bien, d'aimer, de chercher le vrai, l'utile.

L'homme est esclave de la nature qui lui impose la soif du vrai comme la faim du pain. L'esprit enchaîné loin de la vérité périt comme le corps privé de nourriture.

Sommes-nous toujours libres de choisir individuellement le point de vue d'où nous distinguons le bien et le mal? Les sociétés plus ou moins civilisées auxquelles nous devons notre éducation, une partie de nos idées, agissant différemment sur les différentes dispositions que nous tenons de la nature, ont souvent vicié les consciences et forcé les uns à admettre comme bien ce qui est mal pour les autres.

Il n'était pas donné, peut-être, à l'humanité de marcher dans la bonne voie avant d'avoir connu la profondeur de toutes les exagérations. Si la nature avait imposé à l'homme une raison invariable comme elle a donné aux animaux des instincts invariables, elle aurait enlevé au travail son mérite; elle aurait laissé incréées les jouissances ineffables que nous procurent les conquêtes de la science, la marche incessante du progrès.

Dieu lui-même était-il libre de violer les grandes lois de l'ordre universel d'après lesquelles la lumière morale comme la lumière physique n'est point instantanée?

Si l'homme peut s'égarer loin de ses devoirs, aller jusqu'au suicide, est-il alors un être complet? N'y a-t-il point aberration dans ses facultés dont la puissante harmonie l'aurait maintenu sur la route droite?

Nous ne sommes pas même libres d'exercer l'autorité de la vérité sur les malheureux auxquels une éducation contre nature a enlevé la raison individuelle pour en faire des échos ou des esclaves. Leur malheur est sans remède. (Voir p. 80, Sinus frontaux.) Ne les séparons pas de leurs pasteurs; le troupeau sans berger ne pourrait lutter contre les terribles effets de la domestication; il périrait parce qu'il est en dehors des lois de la nature; mais empêchons ce malheur de se reproduire.

Comme on le voit, la vie sociale, qui modifie notre existence et jusqu'à nos pensées, ne nous permet point toutes les libertés individuelles. Il me reste à expliquer l'influence qu'elle doit avoir sur ce que l'on appelle le libre arbitre.

Libra veut dire *balance*. Avoir son libre arbitre, c'est avoir la faculté de peser et de choisir ce qui nous paraît le plus favorable à nos intérêts, à nos plaisirs.

Si une jeune femme, pesant un séducteur, trouve dans

l'autre plateau de la balance une famille honorable, une bonne éducation, les cheveux blancs et vénérés d'un père, un mari ami sûr et sympathique, etc.; le bien l'emporte. Mais pour la malheureuse qui trouve pour contre-poids une éducation nulle, les mauvais exemples, un mari ivrogne et brutal et la misère, un autre peut facilement entraîner la balance s'il apporte avec lui la commisération, la sympathie pour une nature souvent riche, mais inculte et méconnue.

Ces deux femmes se sont servies librement de la balance; mais qui avait placé les poids?

Nous ne pouvons raisonnablement vouloir que dans les limites du possible, et c'est alors seulement que vouloir avec persévérance c'est pouvoir. En dehors du possible il y a pour chacun de nous un certain fatalisme que l'on admet en reconnaissant la nécessité de se soumettre à la volonté de Dieu, et qu'on appellerait mieux, je le crois, la nécessité de se soumettre à l'ignorance ou à l'imprévoyance de la société, parce qu'il n'émane de Dieu que vérité et bonheur.

La société, qui devrait charger le plateau du bien de toute son influence, en récompensant la vraie vertu et punissant tout ce qui est crime, a fait de l'or le plus grand des mobiles : celui qui en a beaucoup est grand; celui qui n'en a pas n'est qu'un misérable !.....

Je ne conclus pas de là que, la société étant seule coupable, les crimes doivent rester impunis : les punitions, au contraire, doivent être d'un grand poids pour réparer et même pour prévenir le mal; mais elles doivent avoir pour but principal de refaire, s'il en est temps encore, une éducation manquée, d'empêcher le mal de se reproduire. La société doit veiller à sa sûreté en mettant ses membres gangrenés dans l'impossibilité de nuire; elle doit les guérir si c'est possible; mais elle ne serait pas juste si elle torturait les coupables. La douleur des punitions doit être partagée par cette mère malheureuse qui, en sévissant, ne peut méconnaître que souvent l'enfant qu'elle punit aurait trouvé la sagesse, le bonheur dans une éducation scientifiquement rationnelle qu'elle n'a pas encore su lui donner.

CHAPITRE VII

LES DOCTRINES

I

Qu'on ne nous reproche donc plus le manque de clarté du catholicisme, puisque nous en faisons une profession ; mais que l'on reconnaisse la vérité de la religion dans l'obscurité même de la religion, dans le peu de lumières que nous en avons et dans l'indifférence que nous avons de la connaître.

PASCAL. (*Pensées.*)

Ce n'est point à la religion, mais à la philosophie, à l'instruction devenue générale et à la science moderne, sources communes du progrès, que nous devons l'horreur inspirée de notre temps pour tout ce qui est oppression, barbarie, injustice. La philosophie, à l'encontre de la Bible, soutient que la nature ne fait point d'enfants esclaves, et que dans tous les cas il est injuste de punir les enfants des fautes de leurs pères.

Oscar COMETTANT. (1861.)

Une guerre acharnée a été excitée contre l'Église catholique par les fils des ténèbres. Ils sont en vérité animés d'une malice diabolique en déclarant mal ce qui est bien, bien ce qui est mal, et prenant les ténèbres pour la lumière.

PIE IX. (*Allocution du 13 juillet 1860.*)

La papauté et la liberté sont deux puissances qui ne peuvent se toucher sans qu'une des deux soit condamnée à mort.

Jules FAVRE. (21 mars 1861.)

Partout deux partis en présence : l'un qui marche vers l'avenir pour atteindre l'utile ; l'autre qui se cramponne au passé pour conserver les abus.

Louis-Napoléon BONAPARTE. (*Rêveries politiques*, 1832.)

L'ère glorieuse approche où la philosophie et la morale seront fondées sur la phrénologie.

Dr BROUSSAIS. (1836.)

La *matière*, la *vie* et l'*esprit* éternels et infinis sont tout ce qui *est*, se *meut* et s'*harmonise* dans le temps et l'espace éternels et infinis[1].

[1] *In Deo vivimus, movemur et sumus.* S. PAUL. (Voir la note, p. 158.)

L'homme seul sur la terre réunit en lui la matière, la vie et l'esprit finis, s'harmonisant dans un temps et un espace finis. Il est la personnification de l'univers, il obéit aux lois éternelles de cette éternelle trinité.

Comme la terre qu'il habite, qui a eu son chaos, ses cataclysmes d'où est sortie la sublime harmonie objet de nos études et de nos contemplations, il doit passer de la barbarie à la civilisation, de l'erreur à la vérité, des luttes, de la souffrance à la paix, au bonheur.

Si des cataclysmes sociaux ont quelquefois détruit des civilisations déjà avancées, c'est parce que ces sociétés, basées peu solidement dans des temps d'ignorance, n'ont pu conserver l'équilibre quand l'édifice arrivait à une certaine hauteur.

Les hommes et les sociétés, mal guidés pendant leur enfance, abusent souvent, lors de leur majorité, de la liberté et meurent avant l'âge mûr, qui leur aurait montré le bonheur dans la connaissance, l'amour et l'accomplissement de tous les devoirs.

Trop souvent les mères, les gouvernantes, les pères et les tuteurs, au lieu de cultiver la raison individuelle, d'enseigner ce qui doit rendre l'homme utile et heureux, abusant de leur autorité, ont égaré les imaginations avec des fantômes surnaturels, rempli la mémoire de mots inutiles, de faits impossibles, poussé vers un bien, loin d'un mal de convention, des malheureux qui n'attendent que l'âge de la liberté pour se révolter contre les tyrans qui les ont trompés.

Les extrêmes se touchent. Les exagérations du matérialisme et du spiritualisme devaient se heurter. Mais l'homme connaît aujourd'hui la profondeur de toutes les erreurs, de toutes les exagérations; il a trouvé le centre où il doit construire le temple de l'humanité.

Il sait les erreurs du paganisme, qui déifia les vertus, les vices et les passions des hommes; il n'a plus la foi qui faisait sacrifier la vie entière pour assurer le bonheur d'une âme après la mort du corps. Il comprend maintenant que de l'union, de l'harmonie de l'esprit avec l'intelligence naît la raison, loi naturelle qui nous montre le travail et la solidarité utilisant la nature entière au bien-être de la société.

Si, comme c'est probable, le moi spirituel, qui possède momentanément un corps pour être mis en rapport avec la terre, doit parcourir successivement les mondes innombrables qui nous entourent et qui roulent, comme celui que nous habitons, dans l'espace sans fin, obéissant à des lois éternelles qu'il nous est déjà donné de connaître, la plus grande faute que nous pourrions commettre dans cet éternel voyage serait d'avoir quitté la terre sans en avoir admiré les splendeurs et utilisé les produits.

Examinons, utilisons dès aujourd'hui, s'il est possible, toutes les doctrines des hommes dont les travaux ont eu pour but de chercher, d'enseigner ou de cacher la vérité.

Il y a eu un grand nombre de doctrines plus ou moins spiritualistes, plus ou moins matérialistes qui, presque toutes, ont eu le tort de vouloir personnifier, connaître et définir Dieu.

Le DÉISME est la croyance en Dieu basée sur les lumières de la raison.

Le THÉISME ne prend point sa source dans la raison : il admet la révélation, le don d'une foi en Dieu.

Le DUALISME ou MANICHÉISME admet deux principes éternels, le bien et le mal, auteurs de tout ce qui est.

L'ATHÉISME et le MATÉRIALISME sont dus à une réaction contre les superstitions et les absurdités des religions anciennes [1].

Les PANTHÉISTES pensent que ce qu'on appelle le monde créé n'est qu'un phénomène, c'est-à-dire un mode de la nature divine ; pour eux Dieu est tout, tout est Dieu.

On a pensé, à tort je crois, que cette doctrine conduit à la négation de toute morale. Comme je l'ai déjà dit, je ne vois dans l'univers que matière, vie et esprit infinis, s'harmonisant éternellement dans le temps et l'espace éternels et infinis. L'homme, qui seul réunit sur la terre la matière, la vie et l'esprit finis, s'harmonisant dans un temps et un espace finis, me paraît être la personnification de l'univers, et je ne comprends pas plus un Dieu esprit en dehors de l'univers qu'un homme sans corps ni vie ; mais reconnaissons que là est le grand, le vrai mystère, l'énigme dont le mot n'est point dans ce monde. (Voir p. 158, CRÉATION.)

Les doctrines PSYCHOLOGIQUES voient dans l'homme l'esprit et le corps. Le corps est l'instrument périssable qui doit servir momentanément un esprit destiné à un monde meil-

[1] Quant au vieil esprit sémitique, il est de sa nature antiphilosophique et antiscientifique. Dans *Job*, la recherche des causes est présentée comme une impiété... Travaillons, Messieurs, quoi qu'en dise l'auteur de l'*Ecclésiaste* à un de ses moments de découragement. La science n'est pas la pire occupation que Dieu ait donnée aux fils des hommes.

Ernest RENAN, membre de l'Institut. (1862.)

leur ; c'est le SPIRITUALISME, opposé au MATÉRIALISME, qui veut que la pensée soit le résultat des fonctions du cerveau, et que ce résultat s'annihile quand la cause est détruite. A mes yeux, le cerveau n'est à l'esprit que ce que la pile voltaïque est à l'électricité.

L'horreur du matérialisme, qui fait mourir l'homme tout entier, a porté le spiritualisme à des excès opposés. Dédaignant la terre qui nous a été donnée à connaître, à utiliser, il a absorbé l'homme dans la contemplation d'un Dieu personnel et surnaturel ; il a passé de la prière à l'adoration, et de l'adoration à l'extase.

En poussant plus loin encore l'exagération, le spiritualisme a douté de la matière pour ne croire qu'à l'esprit. L'IDÉALISME admet que la vie n'est qu'un rêve, et que nos connaissances du monde matériel ne sont que des illusions.

Le RÉALISME est, je crois, tombé dans l'excès opposé en bannissant toute poésie, car nous devons utiliser toutes nos facultés. L'imagination doit non-seulement aider par des fictions, des hypothèses, la recherche des causes des différences et des analogies constatées par la pénétration qui agit par comparaisons, mais elle doit encore nous faire entrevoir le probable, le possible, et créer le langage des arts qui transmet à l'âme des sensations que les mots ne sauraient exprimer.

Égaré dans toutes ces exagérations, le SCEPTICISME a décidé que l'homme doit renoncer à chercher la vérité, ce qui est une déclaration d'athéisme et d'immoralité.

L'ÉCLECTISME prend partout ce qu'il croit bon et utile, mais ne conclut rien.

Une autre doctrine ne s'occupe que de la marche de l'humanité ; elle croit la perfectibilité humaine possible par le travail des siècles ; son but, c'est le progrès indéfini. Elle lutte aujourd'hui contre les DOCTRINES RÉTROGRADES, dont les partisans, en voyant les chemins de fer, le télégraphe électrique, etc., affirment qu'il n'y a rien de nouveau sous le soleil et que nous marchons vers un bouleversement général, auquel ils opposent la LÉGITIMITÉ, l'ABSOLUTISME, le DROIT DIVIN [1], écrasés aujourd'hui par la DÉMOCRATIE, qui va peut-être trop loin en voulant égaux et libres tous les hommes, que je préférerais instruits selon leurs aptitudes différentes, travailleurs solidaires à la conquête du vrai, de l'utile, esclaves de leurs devoirs.

En 1825, cette doctrine, basée sur les sciences, depuis les mathématiques jusqu'à la sociologie, fut nommée le POSITIVISME.

Plus tard, dépassant les progrès de la raison, elle s'égara sous le nom de SOCIALISME avec les SAINT-SIMONIENS, qui voulurent révéler une loi morale nouvelle, sur laquelle ils n'étaient pas même d'accord, et dont l'intronisation du culte, la prise d'habit, l'apostolat, l'appel aux femmes, la chevalerie de la mère, etc., furent mal accueillis par leur époque ;

[1] Pour eux, le MAL, d'après M. l'abbé Gaume (*Recherches historiques sur l'origine et la propagation du Mal*, 1856), c'est l'émancipation de l'esprit humain, c'est la liberté d'examen, c'est le réveil des arts et des lettres, c'est la tolérance, fille de l'incrédulité, c'est la science, c'est le progrès ; le BIEN, c'est le retour aux anciens préjugés, aux lois tombées en désuétude, à la domination d'une caste sur tous, à la barbarie.

Mais écoutons ce que répond Lamennais peu de temps avant de quitter la terre : « Rentrez dans vos tombes vides, fils des temps qui ne sont plus, et laissez les générations destinées aujourd'hui à continuer l'œuvre de l'humanité accomplir en paix leur haute fonction et s'avancer pleins d'espérance vers l'avenir mystérieux dont les horizons se dilatent, sans fin, sans repos, au sein de l'immensité et de l'éternité. »

avec les PHALANSTÉRIENS, qui détruisaient l'ordre social actuel uniquement pour mettre les passions des hommes plus à l'aise.

Mais elle retrouve sa route naturelle dans le RATIONALISME SCIENTIFIQUE, expliqué par la céphalométrie, qui nous montre les hommes inégaux, mais solidaires, pouvant tous devenir utiles à la société par une éducation basée sur la connaissance des facultés humaines, dont la culture peut amener sans secousses l'amélioration indéfinie de la société.

—

II

DEUX LETTRES A M. LAMARCHE SUR LE RATIONALISME SCIENTIFIQUE

Si tout est vanité, celui qui aura consacré sa vie au vrai ne sera pas plus dupé que les autres. Si le vrai et le bien sont quelque chose, et nous en avons l'assurance, c'est sans contredit celui qui les aura cherchés et aimés qui aura été le mieux inspiré.

Ernest RENAN. (1862.)

Il faut tout passer par l'étamine et ne loger rien en notre tête par autorité et à crédit.

MONTAIGNE. (*De l'Instruction des enfants*, ch. 30)

Il ne nous reste plus qu'une planche de salut : c'est de refaire en entier l'entendement humain ; c'est d'abolir de fond en comble les théories et les notions reçues, afin d'appliquer ensuite un esprit vierge, et devenu comme une table rase, à l'étude de chaque chose prise à son commencement.

Le chancelier BACON.

Tous ceux qui ont lu l'Évangile savent parfaitement que Jésus-Christ enseigna qu'il était le vrai fils de Dieu, *un* avec son père. S'il ne l'a pas été, il a été *un imposteur* et il a poussé l'orgueil jusqu'à la folie et au blasphème.... Il n'y a pas de milieu entre ces deux croyances : ou Jésus-Christ ne fut pas Dieu, et alors il fut un imposteur; ou bien Jésus-Christ est Dieu, et sa religion est la vérité [1].

M. l'abbé GUETTÉE, rédacteur en chef de l'*Union chrétienne*. (Réponse au discours d'ouverture de M. E. Renan, 1862.)

Verneuil, 17 juillet 1858 [2].

Vous êtes chrétien, Monsieur, et je suis rationaliste; mais nous avons, dites-vous, un but commun : la régénération sociale ; nous sommes d'accord sur presque toutes les vérités

[1] A mes yeux, Jésus-Christ n'est pas ce que l'ont fait ses prêtres : c'est un martyr de la liberté de conscience et du progrès. A-t-il pu penser tout ce qu'on lui fait dire? Au lieu de faire de ses disciples des pêcheurs d'hommes, n'a-t-il point enseigné au contraire à lutter contre le surnaturel et l'absurde pour replacer l'humanité dans son élément naturel ?

[2] Le journal *la Vie humaine*, aujourd'hui *le Journal des Initiés*, a publié cette lettre en août 1858. (Paris, rue de la Banque, 5.)

qui m'ont été révélées par une étude approfondie de l'homme, et vous désirez savoir qui, du rationalisme ou du christianisme, est appelé à réaliser le salut de la société.

Je vais, je l'espère, dégager dans votre esprit la vérité comprimée par une éducation chrétienne qui enseigne avant l'âge de raison, au lieu de faire observer; c'est-à-dire qui agit sur la mémoire, détruit l'observation, change la raison en argutie, dénature le respect et l'imagination, enchaîne l'humanité à un autel immobile, au lieu de démontrer que le progrès est le seul chemin qui conduit à Dieu.

Lorsque je commençai, avec de puissants organes pour l'observation, mes études de céphalométrie, je croyais y trouver le matérialisme, le fatalisme (je voulais la vérité quand même) : j'y ai vu la loi d'une morale universelle et de la liberté.

Cette science m'a démontré que la raison, fille du ciel et de la terre, née du mariage de l'esprit (connaissance et amour du beau, du vrai, du juste) avec l'intelligence (qui est due à la faculté de se rappeler et d'associer les résultats des sensations physiques), doit régner sur les instincts qui sont : amour de la vie, amour des autres, amour de soi.

Le règne de la raison sur les instincts, c'est la morale, je l'ai prouvé; c'est le but de l'homme; c'est l'harmonie de toutes ses facultés; c'est l'accomplissement du bonheur terrestre.

Sans la raison, la bête règne en despote, et l'homme, dépourvu de la puissance des sensations qui harmonisent les autres animaux avec le monde extérieur, tombe au-dessous de la brute.

Je ne veux point démontrer l'impossibilité de la chute originelle et l'inutilité de la rédemption dans un monde où le progrès est la loi suprême, pour prouver que le rationalisme doit être la religion de l'humanité, qu'il est le jour appelé à faire disparaître l'obscurité de tous les cultes qui ne s'adressent point à l'humanité pour grandir la raison, utiliser et embellir la vie.

Je ne veux point heurter la foi; tous les hommes vertueux pourront, je l'espère, m'entendre sans colère.

La céphalométrie, chimie morale, est la science qui a pour objet la connaissance de l'action réciproque de toutes les facultés instinctives, intellectuelles et spirituelles les unes sur les autres.

Elle est la boussole qui doit empêcher l'humanité de s'égarer dans les espaces imaginaires.

Elle doit nous conduire à la science du réel, à la foi au probable, à l'oubli de l'absurde.

Le réel, c'est la nature, c'est l'homme, incarnation de l'esprit divin, éternel, complétant la création; c'est la société, la morale, la civilisation, la science, la solidarité, le progrès; c'est le bonheur par le travail.

Le probable, ce sont les définitions rationnelles de Dieu et d'une autre vie.

On va jusqu'à l'absurde quand on attribue à Dieu (vérité, esprit infini, un, immuable, incompréhensible [1], loi de tout

[1] Dieu incompréhensible : Job, IX, 9, 10; XXIII, 8; Psaumes, XCV, 10; XCVIII, CXLII, 8; Sagesse, IX, 13; Isaïe, LIV, 15; Jean, VI, 45; Matthieu, XI, 25; Luc, X, 21, etc. M. Lamarche m'a écrit : « Loin de partager votre éloignement à définir Dieu, je pense qu'une condition essentielle pour comprendre l'homme est une notion claire et précise de Dieu. » Moi, je crois plus juste de procéder du connu à l'inconnu.

ce qui est) toutes les qualités terrestres qui sont la conséquence de l'incarnation de l'esprit et qui n'appartiennent qu'à l'homme. La *volonté*, c'est la persévérance raisonnée ; être immuable, ce n'est pas vouloir; la *colère*, c'est l'effet de la contrariété et de l'impuissance; la *vengeance*: les hommes sages ne se vengent pas, etc., etc.

L'homme peut dépasser les limites du réel pour s'élancer dans le probable, qui peut devenir le réel, comme le possible peut devenir le probable. Il possède les douces rêveries, l'espérance, les pressentiments. Son esprit lui a fait voir : la chenille retrouvant, après le tombeau-chrysalide, une vie nouvelle dans un air parfumé; des milliers d'insectes qui voltigent sur les ruisseaux, après avoir subi plusieurs métamorphoses au fond des eaux. La raison lui a fait savoir que les soleils innombrables qui embellissent nos nuits éclairent des mondes infinis.

Le bonheur est la comparaison d'un état meilleur avec un état pire. Pourquoi le souvenir de la terre ne contribuerait-il pas, dans un monde meilleur, au bonheur de notre esprit revêtu d'un corps appartenant à ce monde nouveau ?

Le magnétisme humain nous montre le somnambule ne conservant dans la vie réelle aucun souvenir de la vie magnétique, mais retrouvant en rentrant dans cet état étrange le souvenir des magnétisations antérieures.

Pourquoi la mort ne serait-elle pas un réveil avec le souvenir de vies antérieures ?

Le rationalisme universel, qui doit relier l'humanité dans une grande famille, permet tous les liens de l'homme à Dieu, de la vie actuelle à une vie future. Il ne condamne point les espérances, les douces rêveries, les pressentiments qui ne dépassent ni le réel ni le probable; la science et la foi peuvent n'être point ennemies, cependant...

Le christianisme sépare le temps de l'éternité: son but est l'éternité.

Le rationalisme fait régner l'éternel dans le temps.

Le christianisme ne peut agir que par la foi, qui est fort rare et qu'il est impossible aujourd'hui d'imposer à tout le monde [1].

Le rationalisme réveille dans toutes les âmes un sentiment de bonheur, entraînant involontairement les hommes de foi qui ont conservé la raison. Il est un, naturel, comme l'univers; si on pouvait le faire disparaître momentanément, il renaîtrait naturellement avec le temps. Il n'en est pas de même du christianisme, basé sur une chute originelle impossible, agissant sur la bête par la crainte, sur l'esprit par la compression.

Le rationalisme n'est autre chose que la direction de l'homme par l'élévation de l'esprit.

Agréez, Monsieur, etc.

ARMAND HAREMBERT.

[1] Mais il faut que ceux-là qui croient avoir le monopole de la vérité renoncent à être les maîtres du monde. Galilée, de nos jours, ne se mettrait plus à genoux pour rétracter ce qu'il saurait être la vérité.

E. RENAN, membre de l'Institut. (1862.)

Verneuil, 3 septembre 1858.

Monsieur,

Au nombre des raisons qui m'ont empêché de répondre plus tôt à votre dernière lettre, et de vous remercier de l'envoi des pages (sur la *Prière*) que vous venez de faire imprimer, se trouve mon respect pour les convictions.

Vous voulez le christianisme pris à sa source et résumé par Jésus-Christ dans l'amour de Dieu et du prochain. Après cela vous rejetez tout ce qui ne vous paraît pas d'accord avec la raison; vous admettez presque toute la doctrine rationaliste qui m'a été révélée par une étude approfondie de l'homme, et cependant vous croyez rester chrétien.

Après avoir déchiré une lettre qui ressemblait trop à une discussion, je recommence à vous écrire avec le désir d'avoir avec vous une conversation.

Dans la conversation, on donne et on provoque des développements; on se place au point de vue de son interlocuteur pour comprendre les détails et l'ensemble de sa pensée. On y gagne toujours quelque chose, car, pour marcher sûrement vers la vérité, il faut non-seulement utiliser les travaux sérieux, mais encore connaître les écueils où d'autres ont fait naufrage.

La science est un don divin que l'homme reçoit en récompense de son travail, imposé par la grande loi du progrès, que je reconnais même dans l'Évangile, comparé aux premiers livres de la Bible :

« Dieu est esprit, et il faut que ceux qui l'adorent l'adorent en esprit. »

« Faites aux autres ce que vous voudriez qu'on vous fît. »

« Mon commandement est que vous vous aimiez les uns les autres. »

« Que celui qui se croit sans péché lui jette la première pierre. »

« Vous les connaîtrez à leurs fruits. »

« Cherchez d'abord le règne de Dieu et de sa justice, et le reste vous sera donné par surcroît. »

Voilà l'Évangile.

Mais, pour croire au baptême, il faut croire à la Genèse, au firmament créé entre les eaux du ciel et celles de la terre ; au bon Dieu de la Bible, personnification de la théocratie, couronné du vaste éteignoir de tous les grands flambeaux [1], défendant à l'homme la science du bien et du mal, ce qui en hébreu exprime l'idée d'une science parfaite pouvant conduire l'homme jusqu'au Dieu de la nature [2].

Adam est la personnification de l'ignorance, de la paresse, de l'égoïsme : c'est le modèle de ceux qu'on nomme à notre époque les *satisfaits*.

Mais Ève ne craint pas, au prix de sa vie et de mille douleurs, d'entreprendre la conquête de la science pour léguer à ses enfants : la liberté, le travail, le progrès, la raison, le bonheur.

[1] Voir la note page 112.

[2] Le dogme de la déchéance et du péché, transmis par le premier homme à ses descendants, enveloppe la vie d'un crêpe funèbre et force à considérer la société sous un si désolant aspect que l'esprit le plus ferme cherche de tous côtés un refuge contre cette effrayante vision. LAMENNAIS.

Si vous êtes chrétien, Monsieur, pour vous le péché originel n'est point une fable, la rédemption était nécessaire. Le Père éternel a fait mourir son Fils pour vous racheter; ce Fils-Dieu a laissé un représentant qui vous ordonne l'humilité. Obéissez sans raisonner; la raison est un des fruits de cet arbre funeste du paradis terrestre [1].

Chrétiens, la philosophie vous menace, la science détruit vos forteresses. Ne vous divisez pas, votre union seule fait votre force; soyez catholiques, ou venez avec nous.

Le rationalisme est un flambeau qui peut, sans luttes, annihiler toutes les ténèbres de l'ignorance; mais, pour briller, il lui faut du radicalisme. Il réhabilite la femme, le travail, la science. Son but, c'est connaître, aimer, servir le Dieu de la nature; c'est-à-dire : cultiver l'esprit humain, faire progresser, par le travail et la science : la raison, source de morale et de bonheur.

Pour le rationaliste, la religion est le lien, non de l'homme à Dieu, de l'homme chassé d'un paradis terrestre à un Dieu vengeur, colère et, par conséquent, injuste; mais le lien des hommes entre eux, la réunion de la grande famille humaine soumise aux lois éternelles de la raison, une comme Dieu, dont elle émane.

Le culte s'adresse à l'homme; c'est l'homme qu'il faut cultiver pour développer, harmoniser et utiliser en lui toutes

[1] Je sais que des communions chrétiennes ont vu dans *Adam*, *le paradis terrestre*, *l'arbre de science*, une allégorie rationnelle. Je respecte leurs convictions, j'admire leurs efforts pour introduire la raison dans le dogme chrétien, et je suis convaincu qu'ils arriveront un jour au rationalisme scientifique qui a fait dire à un des sages du calvinisme, Vinet : « Si l'homme, à mesure que l'humanité avance en âge, devient essentiellement meilleur, il ne faut plus parler de chute ni de rédemption. Cette seule pierre arrachée fait écrouler la voûte. » (*De l'Éducation de la famille et de la société*.)

les nobles facultés qui l'élèvent si haut au-dessus de tous les autres habitants de la terre, pour grandir la connaissance et l'amour du vrai : un, infini, éternel, sublime image de l'idée que nous avons de Dieu.

Le temple, c'est l'humanité, sans laquelle l'idée de Dieu n'existerait point sur la terre. Éclairer tous les hommes qui en sont les colonnes, c'est y grandir la présence de Dieu.

Là une seule prière est exaucée, c'est le travail [1]; le dogme, c'est la solidarité; le but, c'est le progrès.

Agréez Monsieur, etc.

ARMAND HAREMBERT.

[1] Nous n'avons rien à demander à un Dieu immuable, loi de tout ce qui est, par lequel nous sommes rois de la terre qui nous est donnée à connaître, à admirer, à utiliser. Travailler, c'est employer tous les dons qui nous ont été faits pour arriver à ce but.

Le recueillement et la méditation grandissent la puissance de la raison en harmonisant toutes les facultés intellectuelles et spirituelles pendant le sommeil des instincts qui, mieux dirigés à leur réveil, sont la source de félicités toujours plus pures.

—

III

LE SIGNE DU RATIONALISTE

Vous les reconnaîtrez à leurs fruits : peut-on cueillir des raisins sur des épines, ou des figues sur des ronces ?

A fructibus eorum cognoscetis eos : numquid colligunt de spinis uvas, aut de tribulis ficus ?

S. MATTHIEU, ch. VII, v. 16.

Le néflier qui a des épines dans les bois, où il croît à l'état sauvage, n'en a point dans les jardins où il est cultivé avec soin : toutes les épines sont remplacées par des bourgeons.

PAYEN.

On m'a souvent demandé si les rationalistes ont un signe pour se reconnaître, un baptême, une absolution, et comment on entre dans leur communion.

J'ai répondu : Quand on a commis une faute, il n'y a qu'une manière de se la faire pardonner après l'avoir réparée autant que possible, c'est d'être assez longtemps vertueux pour la faire oublier : voilà l'absolution et la purification du rationaliste, qui, jusqu'à présent, n'a d'autre *signe* pour se faire reconnaître que sa conduite constamment soumise aux lois de la raison. (Voir, p. 157, LETTRE SUR LE RATIONALISME.)

Tous les honnêtes gens qui, n'ayant pas la foi, n'ont d'autre guide que leur conscience, leur raison éclairée par l'expérience, l'étude, la méditation et les conseils des esprits supérieurs et plus cultivés, sont rationalistes s'ils recherchent tous les moyens de s'instruire et d'éclairer les autres.

Avant de se déclarer rationaliste, il faut se sentir la force de marcher toujours droit dans la vie; car, loin d'être un manteau pour couvrir l'inconduite, cette religion attire sur nous les yeux jaloux des hypocrites auxquels il nous est défendu de donner des armes pour nous combattre.

L'INDIFFÉRENCE en matière de religion et la PROTECTION EXAGÉRÉE accordée au culte catholique par tous ceux qui voudraient imposer, comme moyen de domestication, la crainte de l'enfer à un peuple déjà assez éclairé pour que les femmes et les enfants trouvent plus haut leurs mobiles, sont les signes auxquels on reconnaît les *gens sans foi ni raison.*

Presque tous ces égoïstes, se croyant bien au-dessus du vulgaire, poussent l'indulgence à leur égard jusqu'à se croire parfaitement honnêtes, même lorsque, profitant, par exemple, des imperfections des lois, ils conservent le luxe qu'ils doivent à l'héritage de leur mère et renoncent à la succession d'un père pour ne point payer des dettes toujours sacrées, et qui, le plus souvent, devraient être légitimes.

Sans cette indifférence coupable et cette protection exagérée des égoïstes, tout le monde serait ou RATIONALISTE ou CROYANT, ou DÉCONSIDÉRÉ, car on doit respecter celui qui, ayant conservé ce que l'Église appelle la grâce, le don de la foi, milite loyalement pour faire partager aux autres les espérances, les illusions, les extases que le culte de sa religion lui procure; et, il faut le reconnaître, il est véritablement méprisable celui qui trouve bon d'imposer, à ceux dont il veut exploiter l'ignorance, des croyances qu'il sait erronées, comme les prêtres d'une des religions disparues, qui prenaient solennellement l'engagement de rendre dans l'autre monde l'argent qu'ils empruntaient dans celui-ci.

CONCLUSION

LA RAISON ET LA FOI, L'ÉTAT ET L'ÉGLISE

En novembre 1843, M. de Lamartine publia les lignes suivantes :

« En supposant même que l'enseignement du professeur et celui du sacerdoce ne se heurtent pas dans le collége, ils se séparent entièrement à la fin de l'enseignement élémentaire, et au sortir du collége, dont les murs garantissaient sa foi de l'air du siècle, il trouve dans les cours transcendants : la philosophie, l'histoire, la science, la liberté, le scepticisme, qui le saisissent pour lui enseigner une autre foi. Il lui faudrait deux âmes : il n'en a qu'une; on la tiraille, on la déchire en sens contraire; les deux enseignements se la disputent; le trouble et la discorde se mettent dans ses idées :

il en reste quelques lambeaux pour la foi, quelques lambeaux pour la raison. Il s'étonne de cette contradiction entre ce qu'on lui disait dans sa famille, ce qu'on lui enseignait dans son collége, ce qu'on lui démontre dans ses cours[1]. Il commence à se douter qu'on lui a joué une grande comédie, que la société ne croit pas un mot de ce qu'elle enseigne, qu'elle a une foi et un Dieu pour les enfants, une foi et un Dieu pour les adolescents, peut-être une autre foi et un autre Dieu pour les hommes faits. Il pense qu'il faut que tout cela soit bien peu important pour que la société et l'État s'en jouent avec cette légèreté. Sa foi s'éteint; sa raison, sans ardeur, se refroidit; son âme se dessèche, son enthousiasme se change en indifférence et en découragement. Il ne lui reste d'une pareille éducation que juste assez des deux principes opposés dans l'âme pour que cette âme soit en guerre intestine de pensées contraires, et pour qu'il ne puisse pas même vivre en paix avec lui-même....

« .... L'équilibre ne peut exister. Si c'est l'État qui l'emporte, il subordonne et contraint l'Église. Si c'est l'Église, elle possède l'État, la société. La civilisation se réveille enchaînée à l'autel immobile du prêtre; ou elle cesse de marcher, ou elle marche en arrière. La religion, justement jalouse et tyrannique, emploie la main du pouvoir politique à extirper ou à étouffer tous les germes de *nouveautés* qui peuvent éclore dans l'esprit humain. Toute philosophie est

[1] Sur toute cette masse d'enfants qui peuplent les colléges royaux de Paris, d'après le jugement unanime de leurs aumôniers, en saurait-on compter plus d'un seul par année et par collége qui ait conservé la foi jusqu'à la fin de ses études?

Le Cte de Montalembert. (*Du Devoir des catholiques dans la question de l'enseignement.*)

une menace, tout examen est un danger, tout symbole est un attentat, toute tentative de culte libre est une séduction de la pensée. Livres, temples, enseignements, chaires, tribunes, associations, tout se ferme par la loi, ou par l'interprétation de la loi de l'État, à l'innovation religieuse ; il faut croire ce que croit l'Église nationale ou ne rien croire. De la foi légale à l'absence totale de foi et de culte il n'y a pas d'intermédiaire. »

En 1848, je crus que l'auteur de ces lignes, qui venait de proclamer une république avant d'avoir fait des républicains, allait utiliser son immense popularité, son magnifique talent à fonder en France l'ÉDUCATION CIVIQUE.

Je lui demandai le code naturel de la morale sociale, que le prestige de son nom et de son style pouvait faire connaître à la terre entière.

Il me fit l'honneur de me répondre : « Les grandes et religieuses pensées de votre lettre sont les miennes. Comme vous je crois que la politique est une religion, et que la plus grande idée populaire est l'idée de Dieu. Cette idée a été l'inspiration de ma vie ; je n'écris que pour elle et que par elle ; tous mes livres en sont la glorification et le témoignage. »

Plus tard, ne pensant pas comme Châteaubriand, qui a dit[1] : « Ceux qui font des révolutions à moitié ne font que se creuser un tombeau, » M. de Lamartine écrivit à propos du *Christianisme* :

[1] *Mémoires d'outre-tombe.*

« Quant à moi, j'ai bu dès mon enfance à cette source. J'ai écarté, en avançant en âge, les pailles et les feuilles sèches qui en ternissent, selon moi, la clarté ou qui en corrompent la salubrité; mais, en quittant la source, j'ai pensé aux autres et je n'ai point troublé l'eau [1]. »

Il croyait en Dieu! Et il a cessé de chercher, ou il n'a pas voulu nous montrer le rationalisme scientifique, cette source pure et vivifiante du progrès, du fleuve qui doit arroser les racines de l'arbre de science et en élever la cime jusqu'au ciel!

Des penseurs, des savants, une foule qui a soif du vrai, m'ont bien souvent engagé à composer ce livre, vainement demandé aux hommes qui, selon moi, pouvaient et devaient l'écrire. Je le publie aujourd'hui croyant remplir un devoir.

J'espère que ceux à qui la foi n'aura pas permis de me suivre dans la route que je viens de tracer à la multitude incrédule, courant aujourd'hui sans guide dans la vie, pardonneront plutôt au marcheur courageux qui s'écarte de leur route qu'à ceux qui s'arrêtent indécis ou sciemment égarés.

J'espère que, remis dans la bonne voie, ces derniers reprendront courage et pourront devenir des modèles. Je sais déjà que parmi ceux qui se disposaient à me combattre, parce qu'ils avaient la prétention d'accorder la foi antique avec la raison et la science, plusieurs verront sans effroi la lampe s'éteignant au lever de l'aurore, et liront, sans s'irriter contre le maître, la lettre suivante d'un de mes élèves

[1] *Cours de littérature*, avril 1856.

(qui a écrit ailleurs : « Forçat évadé du bagne de l'obscurantisme, c'est à la céphalométrie que je dois la plénitude de ma liberté, ») dans laquelle il résume la science, la morale, la religion que je lui ai démontrées :

« *A M.* Riche-Gardon, *directeur du* Journal des initiés aux lois de la vie et de l'ordre universels, *à propos des articles qu'il vient de publier sur la céphalométrie.*

« Verneuil (Eure), 30 octobre 1861.

« Monsieur,

« Permettez à un de vos abonnés de vous exprimer la satisfaction que lui cause l'accueil judicieux fait à la céphalométrie par votre excellent journal, organe de la morale sociale obligatoire pour tous, évangile de la religion humaine éclairée, rationnelle.

« Ayant eu le précieux avantage d'être initié par l'auteur même de la céphalométrie, dans des entretiens fréquents et intimes, aux vérités psychologiques et morales révélées par cette science, je suis heureux de pouvoir lui rendre auprès de vous l'hommage que je lui dois, car, en débrouillant le chaos de mes idées, il m'a rendu le plus grand des services, et je saisis avec empressement toute occasion d'acquitter ma dette de reconnaissance et de propagation.

« Il y a quelques mois à peine, je languissais dans le scepticisme ; la *vérité* n'était encore pour moi que dans la négation du faux, le dédain du merveilleux, le mépris de l'absurde. Depuis, j'ai reconnu qu'elle est démontrée par la *science du réel*, et que c'est là seulement qu'il faut la chercher, et j'ai compris que le moment est venu d'asseoir les principes éternels de morale et de justice sur leurs bases naturelles : la raison absolue, la vérité scientifique, dignes du respect de tous les hommes.

« J'avais subi cette éducation consistant à murer la pensée dans un cachot de préjugés étayés de sophismes, pour lui présenter dans les ténèbres, comme un flambeau divin, une torche fumeuse et malsaine qui asphyxie ou aveugle les esprits faibles, mais ne peut qu'irriter les forts.

« La raison ne permet pas la haine, mais elle inspire une indignation profonde contre cette odieuse violation des lois de la nature, système inqualifiable dont l'objet est de mutiler l'organisation intellectuelle au lieu de la développer rationnellement, et dont le but est d'étouffer la raison individuelle pour lui substituer des préceptes de convention et des erreurs de toute sorte imposés à la mémoire, à l'imagination, au respect.

« C'est ainsi qu'on livre les esprits à d'indicibles tortures en persistant à les placer entre le marteau de cette raison personnelle, qu'une fausse éducation parvient rarement à détruire, et l'enclume des préjugés qu'on lui oppose.

« Quand donc les partisans de ce révoltant système rentreront-ils en eux-mêmes pour reconnaître que le scepticisme, l'indifférence en matière de morale sont leur propre ouvrage, à eux qui ne veulent pas montrer la vérité sans l'affubler des oripeaux de la fable; qui affectent de ne croire possible le règne de la justice qu'autant qu'elle sera assise sur un trône d'ignorance, d'anachronismes et d'imposture?

« Vraiment, les récriminations de ceux qui prétendent conduire l'humanité au XIXe siècle par des moyens que déjà le XVe a démontrés trop vieux ressemblent au radotage de vieilles nourrices imbéciles qui, sans tenir compte des progrès de l'âge et de l'intelligence chez les enfants élevés par elles, voudraient, alors qu'ils ont vingt ans, les maintenir dans l'obéissance et le respect en leur parlant de Croquemitaine! Voyez-vous ces bonnes vieilles se désoler, se lamenter et, dans leur dépit, maudire les hommes qui furent leurs nourrissons parce qu'ils veulent trouver, ailleurs que dans les naïvetés et les contes d'une enfance écoulée, le mobile et le but des actes de l'âge viril?

« L'humanité, elle aussi, en est à l'âge viril, et elle demande la vérité à la science et à la raison.

« Elle a lu la grande loi du progrès providentiel au livre de la nature et de l'histoire; éclairée par la céphalométrie, elle va lire au cerveau de l'homme, écrite en caractères divins, la loi de l'éducation rationnelle et scientifique, base enfin trouvée d'un édifice social durable, loi prophétisée depuis des siècles par la sagesse antique dans l'inscription du temple de Delphes : *Connais-toi toi-même.*

« Et alors plus d'hésitation, plus de scepticisme quand tous les esprits de bonne volonté auront bien reconnu :

« Que le sentiment du juste, l'amour du beau et du vrai sont inhérents à la nature humaine;

« Qu'ils existent avec assez de puissance, chez un grand

nombre d'hommes, pour constituer un besoin impérieux, voix incorruptible du devoir;

« Que l'éducation peut amener au même résultat la plupart des organisations moins richement douées, parce que toutes (à la seule exception des idiots et des monstres) contiennent les mêmes principes en germes susceptibles de développement;

« Et l'unité religieuse philosophique sera fondée, parce que la céphalométrie est un guide sûr avec lequel on ne peut s'égarer, ni par conséquent se diviser.

« La psychologie est son essence, la logique son attribut, la morale son enseignement :

« En démontrant que l'être humain est doué de raison et d'instincts, et que la morale est dans la direction des instincts par la raison, qui en fait des vertus, tandis que, privés de ce guide, ils deviennent la cause de tous les vices, la céphalométrie apporte une solution péremptoire aux questions les plus importantes que l'humanité ait à résoudre dans sa mission terrestre;

« En enseignant que l'action simultanée de tous les organes de l'intelligence et de l'esprit met l'homme en rapport avec la raison absolue, seule voix de Dieu dans la nature, elle condamne, comme crime de lèse-humanité, toute atteinte portée à la raison dans l'esprit d'un membre quelconque de la famille humaine;

« Car la nature qui fait les hommes inégaux les veut solidaires, en les créant ainsi propres aux divers besoins de la société.

« La science sociale aura donc pour objet de reconnaître,

pour but d'utiliser, dans l'intérêt commun, les différentes aptitudes.

« Ce n'est pas à dire que la société, par une absorption radicale, effacera la famille, son plus solide fondement ; mais, par une juste application du dogme de la solidarité, elle devra lui dispenser les lumières dont le père, la mère, l'enfant lui-même ont besoin pour ouvrir à celui-ci la carrière que la nature l'a prédisposé à parcourir.

« Chacun alors pourra goûter la véritable félicité individuelle possible en ce monde, consistant, non pas dans une satisfaction personnelle égoïste, mais dans la joie de comprendre qu'on travaille au bonheur de tous.

« Puissent ces sublimes vérités, en s'irradiant sur le monde, dissiper promptement par leur vive lumière les ténèbres de l'ignorance et de l'erreur, et chasser de leurs derniers retranchements ces ennemis du genre humain qui ne peuvent agir ni exister hors de l'ombre.

« *Science du réel, foi au probable, oubli de l'absurde* : voilà la devise de l'humanité régénérée par la connaissance des lois qui doivent la régir ;

« Qu'elle adore son Dieu dans l'esprit de ces lois ;

« Que l'objet de son culte soit l'homme lui-même, afin qu'une aspiration constante vers l'idéal de la perfection rapproche du type divin cette seule image vivante de Dieu sur la terre ;

« Et que, loin de trouver dans les maux inhérents à la vie terrestre des motifs de doute et de découragement, l'humanité les considère au besoin comme la révélation permanente d'un monde meilleur, en rapport avec des aspirations pour lesquelles celui-ci paraît insuffisant.

« Le bonheur est-il autre chose que le résultat de la comparaison d'un état meilleur à un pire ?

« Qui sait si les maux de cette vie ne seraient pas le terme de comparaison nécessaire pour apprécier les biens d'une vie future, de même que le souvenir des rigueurs de l'hiver fait goûter avec délices les douceurs de la belle saison?

« Notre imagination peut former sur cette brûlante question des hypothèses bien consolantes. Dieu peut plus que l'imagination humaine, et ses réalités doivent être plus belles que nos fictions : voilà la foi au probable.

« Mais si la raison invite à cette foi nécessaire au bonheur, elle défend de chercher hors de la science du réel les mobiles qui doivent diriger l'humanité sur la terre, parce qu'en fondant la notion du devoir sur d'autres bases que celles indestructibles à la discussion, on ne peut rendre ce devoir commun et obligatoire pour tous.

« Dieu n'oblige aucun homme à croire sans examen aux paroles d'un autre, et quiconque a pour mission d'enseigner à ses semblables doit pouvoir justifier ses préceptes par des arguments sans réplique raisonnable ; or, il ne suffit pas qu'une supposition paraisse fondée pour que tous les esprits se croient tenus de l'admettre, et surtout de lui attribuer la même puissance qu'à une réalité.

« Si l'on veut imposer à tous le devoir commun, il ne faut le rendre pour personne l'objet d'un doute en le plaçant sous l'égide de probabilités que les esprits exclusivement réalistes considéreraient comme des chimères.

« D'accord en cela avec un sage vénéré qui, s'il eût connu la céphalométrie, n'aurait pas hésité à accorder aux hommes quelque chose de plus qu'aux bêtes, et dont le scepticisme, vaincu par les admirables progrès de toutes les sciences, des arts et de l'industrie, ne pourrait plus dire aujourd'hui : « Rien de nouveau sous le soleil, » la raison proclame comme l'Ecclésiaste que :

« Jusqu'à ce que la poussière retourne à la terre, d'où « elle est venue, et l'esprit à Dieu, qui l'a donné (ch. XII, « v. 7), le meilleur pour l'homme est de se réjouir dans ses « œuvres, car c'est là son partage, et nul n'est à même de « connaître ce qui doit arriver après lui (ch. III, v. 22). »

« Et, puisque la connaissance du certain doit seule fournir la sanction nécessaire de la morale, on trouve cette sanction dans la céphalométrie, car elle enseigne et démontre qu'il n'est pas de bonheur réel hors de la raison qui ennoblit et change en vertus les instincts, source de nos désirs;

« Ce qui n'empêchera pas d'ouvrir aux organisations d'élite des horizons plus vastes, où la plus pure philosophie saura faire entrevoir des félicités célestes.

« Et ne paraît-il pas facile de graver profondément par l'éducation, dans l'esprit de l'homme raisonnable et vertueux, l'espoir consolant d'une vie future et heureuse, révélée d'ailleurs par le sentiment de justice absolue, quand on songe qu'il a été possible d'imposer à la conscience humaine, malgré elle, des croyances horribles qui ont fait haïr et nier Dieu par tant d'esprits trop justes pour le concevoir capricieux, barbare et éternellement implacable ?

« La philosophie, elle, ne fait d'athées que quand elle

s'adresse aux esprits révoltés dans lesquels une si odieuse imposture avait laissé des racines trop profondes.

« Plus de disputes interminables, plus de sectes orgueilleuses et intolérantes, semant la haine et la discorde sous prétexte d'imposer l'ordre et la paix, quand l'esprit humain, muni d'une boussole infaillible et sachant apprécier les richesses du pays de la réalité, aura cessé de s'aventurer à des découvertes impossibles ;

« Quand la religion ainsi perfectionnée, ne formulant ses dogmes qu'après les avoir lus au code naturel de la morale sociale raisonnée et indéniable, aura, avec ses temples et ses prêtres, des maisons d'éducation où elle saura faire des hommes selon le vœu de la nature, qui est celui de Dieu ;

« Quand elle reconnaîtra ses apôtres, ses pères, ses docteurs, ses martyrs, dans d'illustres savants, des penseurs sublimes, dont l'immortel Roger Bacon, cette grande victime de l'ignorance, de la superstition, de l'envie, de l'imposture tyrannique, inquiète, farouche, haineuse et implacablement féroce qui opprimait le moyen âge, a été le précurseur à qui peuvent vraiment s'appliquer ces paroles évangéliques : « La « lumière a brillé dans les ténèbres, mais les ténèbres ne « l'ont point comprise (S. Jean, ch. Ier, v. 5) ; »

« Quand la parole du plus glorieux des martyrs ne sera plus exploitée dans un sens dénaturé par un ténébreux machiavélisme qui voudrait la confisquer pour empêcher les hommes de la comprendre ;

« En un mot, quand, au lieu d'épuiser des ressources précieuses en impuissants et ridicules anathèmes contre le souffle divin qui pousse l'humanité dans le progrès, la vraie religion enseignera aux hommes la soumission à l'autorité divine de la raison et de la science;

« Quand les États qui protégent les différents cultes malgré leurs écarts honoreront par-dessus tout celui qui saura compléter et démontrer les vérités communes à tous sans enseigner les erreurs d'aucun;

« Quand les gouvernements, sages et éclairés, auront enfin reconnu que leur véritable force est non dans l'ignorance, mais dans la sagesse des peuples, parce que l'ignorance est un champ fertile ouvert à l'exploitation de la mauvaise foi intrigante, du fanatisme aveugle ou de l'utopie subversive, tandis que la raison humaine, sagement cultivée, ne peut obéir qu'à la raison absolue.

« Or, en condamnant toute violence et toute témérité, la raison est la mère de l'ordre.

« Elle défend l'imprudence, qui détruit le nécessaire sans pouvoir le remplacer avec avantage;

« Elle commande la sagesse, qui consolide et répare en substituant aux principes atteints de dissolution des éléments nouveaux fournis par le travail naturel du temps et de la civilisation;

« Elle impose à ses véritables adeptes cette règle garante de toute sécurité : améliorer, et non détruire.

« Excusez, je vous prie, Monsieur, la longueur de cette lettre, dans laquelle je n'ai pas eu la prétention de vous expliquer l'importance de la céphalométrie, le cas que vous en faites montrant que vous l'avez bien comprise; mais, en rendant témoignage auprès de vous du bienfait dont je suis redevable à cette science et à son auteur, je suis heureux de pouvoir vous fournir l'occasion d'apprécier dans un fait l'excellence des résultats;

« Car je sais que tout ce qu'exprime ma lettre est bon, vrai, juste, et si je le déclare ainsi, c'est que je ne m'en attribue pas le mérite, n'en ayant d'autre que celui d'avoir lu de mes yeux dessillés, au livre divin de la nature et de la raison, un admirable chapitre longtemps incompris, mais enfin expliqué au monde par la céphalométrie.

« La loi du progrès, cette Providence des sages, avait réservé l'intelligence de ces pages sublimes pour le moment solennel et plein d'anxiété où les sociétés ébranlées voient tomber en poussière et se dissiper, au vent de l'indifférence et de l'oubli, les feuillets antiques où l'humanité lisait autrefois dans son enfance ses devoirs et sa destinée.

« Veuillez agréer, etc.

« P. ALDONCE[1]. »

[1] Voir, p. 159, le *Credo* de Jacques Bonhomme, une des chansons populaires avec lesquelles M. P. Aldonce désire contribuer à la propagation du rationalisme scientifique.

NOTES ET DÉVELOPPEMENTS

I

MAGNÉTISME HUMAIN [1]

L'aiguille aimantée qui a reçu une impulsion retrouve après quelques oscillations sa position naturelle. De même on voit aussi les désordres de la santé disparaître devant un équilibre naturellement rétabli. Cela fit penser à Mesmer qu'un principe universellement agissant, ayant de l'analogie avec l'aimant et l'électricité, a sur la santé de l'homme une action directe : il l'appela *magnétisme*.

Plus tard, les expériences faites sur cet agent firent découvrir une foule de phénomènes merveilleux et réguliers dont on retrouve les traces dans la plus haute antiquité.

Ces phénomènes, qui se trouvent rarement réunis chez le même sujet, présentent dans la vie de l'homme sept degrés bien distincts, si l'on compte la vie ordinaire.

[1] J'extrais d'une brochure intitulée *la Vérité*, que j'ai publiée en 1853, ce passage sur le magnétisme, parce qu'il a eu l'approbation d'un grand nombre de magnétiseurs.

Le DEUXIÈME DEGRÉ est le magnétisme sans sommeil, dont les médecins font quelquefois usage aujourd'hui pour rétablir l'équilibre du fluide vital, nerveux ou électrique; peu importe le nom, peu importe même qu'il y ait fluide ou non; le fait est que les passes magnétiques, quand elles sont faites avec intention et persévérance, sont le plus souvent pour le sujet de douces caresses qui fortifient la santé, rendent paisible le sommeil naturel, dissipent la fièvre et font disparaître une foule d'infirmités.

Le TROISIÈME DEGRÉ est le sommeil magnétique, repos complet et réparateur.

Le QUATRIÈME DEGRÉ est le réveil dans la vie magnétique avec les imperfections du moi de la vie ordinaire.

Le CINQUÈME DEGRÉ s'obtient en ordonnant au somnambule, avec effort de pensée, de voir et de savoir la chose sur laquelle il vient d'avouer son ignorance. Alors, après quelques secondes d'un silence et d'une immobilité solennels, le sujet s'agite en disant : J'ai vu. Il a vu par transmission de pensées et de sensations; il a vu par les yeux et les sensations de son magnétiseur; il a vu par son rapport avec quelque personne sympathique ou fortement impressionnée de la foule qui l'entoure.

C'est avec ce phénomène que les magnétiseurs qui donnent des séances publiques émerveillent les curieux. Ils sont bien rares, car la télégraphie magnétique, qui consiste à indiquer les réponses par la manière dont on pose les questions à un compère, réussit toujours au milieu des curieux, où un témoin malveillant pourrait neutraliser les effets du magnétisme.

Sixième degré. Quelques somnambules atteignent le sixième degré si on leur dit avec une grande volonté : Vous avez la puissance de voir, de savoir, même ce que nous ignorons; regardez-bien si l'influence de notre pensée n'a pas causé des erreurs dans vos réponses précédentes?... Alors, après quelques légères crises nerveuses, l'âme parle pour ainsi dire par la bouche du corps et montre dans sa pureté une partie de son essence : sagesse et bonheur. Pour elle plus d'obstacle, plus de distance; alors le moi ne connaît plus de souffrance ni physique ni morale.

Septième degré. Un degré de plus, c'est l'extase. Dans cet état il n'y a plus de rapport entre le magnétiseur et le magnétisé; peut-être même pour ce dernier le moi, tout entier à l'âme, s'est complétement séparé de son corps qui n'est plus qu'un cadavre encore soumis, par intervalles, à des effets galvaniques.

Voilà des faits. Je les ai produits bien souvent et je les crois vrais, car, pendant que je les étudiais, d'autres, bien loin de moi, les obtenaient semblables.

Des magnétiseurs, trompés par des transmissions de pensées, ont pu prendre pour des révélations, et accepter avec bonheur comme des vérités, leurs propres idées que souvent plus tard ils ont dû reconnaître erronées. J'ai cependant tiré un grand parti de ce phénomène: souvent une femme souffrante et incomprise de ses médecins a trouvé dans la lucidité par transmission de pensée soulagement et guérison. Heureuse d'être enfin en rapport avec quelqu'un qui comprend comme elle ses misères, elle a foi dans les conseils hygiéniques qui lui sont donnés, et guérit des souffrances réelles qui n'étaient souvent que l'effet de son imagination.

Je crois inutile de pousser plus loin l'explication des faits extraordinaires que l'on doit aux différents degrés de lucidité. On comprend maintenant les voyages dans les pays où les somnambules n'ont jamais été, mais qui ont laissé des traces dans le souvenir de ceux avec lesquels ils sont en rapport, et les erreurs causées par les changements opérés, à l'insu du conducteur, dans les lieux qu'il fait décrire. Les phénomènes de prévision qui nous étonnent tant sont dus au sixième degré, qui est fort rare. Un somnambule, arrivé peut-être à ce point, m'a dit : Je distingue en vous ce qui est pressentiment de ce qui est crainte ou espérance trompeuse.

—

II

CONTRE LES TABLES TOURNANTES

On lit dans le *Journal du Magnétisme*, rédigé par une société de magnétiseurs et de médecins, sous la direction de M. le baron du Potet (tome XII, nº 174, 25 octobre 1853), la lettre suivante *contre les tables tournantes :*

« Verneuil, 10 juillet 1853.

« MONSIEUR,

« Je croyais qu'on ne parlait déjà plus des tables qui tournent, qui parlent; des montres, des bagues qui entendent, qui obéissent, etc. J'espérais que la raison avait calmé la mode, déité folle et inconstante qui, sous l'empire d'une fièvre ardente et non sans quelques dangers, avait quitté, pour un instant, Alexandrine, Bridault, Tahan, la *Tentation*, etc., pour aller faire tourbillonner dans tous les salons les chapeaux, les tables, les montres, les bagues, la foule élégante et jusqu'à la tête de quelques savants fascinés par l'amour du merveilleux.

« D'après la lettre par laquelle vous me faites l'honneur de me demander mon opinion sur cet intéressant phénomène, il paraît que beaucoup de gens tournent encore. J'en suis fâché pour ceux qui n'ont pas voulu voir le somnambulisme magnétique, c'est-à-dire un des merveilleux résultats de l'action de l'homme sur l'homme, et qui ont cru tout de suite qu'une table peut marcher, entendre, savoir et dire, parce que trois, cinq, sept ou neuf personnes le veulent en la touchant, sans avoir remarqué que la nature, malgré sa puissance, croit encore devoir donner des muscles, un cerveau à tout ce qu'elle veut faire agir et penser.

« Tant de gens sérieux m'ont parlé avec enthousiasme de faits de rotation opérés sous leurs mains que j'ai d'abord été tenté de répéter ce qu'a dit, à propos du magnétisme, un philosophe dont le nom m'échappe :

« Je me sens peu surpris d'observer et d'entendre
« Un prodige nouveau que je ne puis comprendre;
« Et, loin de m'épuiser en efforts superflus,
« Dans l'immense océan de l'humaine ignorance,
« Froid spectateur, je vois avec indifférence
« Tomber une goutte de plus. »

« Mais, afin de ne pas mériter ce reproche qu'on adressera un jour à certains magnétiseurs : *Vous vous laissez entraîner par les intrigants qui veulent vous égarer dans les erreurs du merveilleux ; votre imagination fait fausse route, témoin les tables tournantes, immense mystification dont vous avez été la dupe*[1], regardons, étudions, écoutons,

[1] Ceux qui vivent de superstitions et de mensonges protégent et répandent toutes les aberrations de l'esprit qui peuvent se propager encore dans la foule habituée à accepter les contes absurdes, parce qu'ils ont peur du vrai.

« Car quiconque fait le mal hait la lumière, et ne s'approche point de la lumière, de peur qu'elle ne le convainque du mal qu'il fait.

« Mais celui qui professe la vérité s'approche de la lumière, afin que ses œuvres soient découvertes, parce qu'elles sont faites en Dieu. »

« *Omnis enim qui male agit, odit lucem, et non venit ad lucem, ut non arguantur opera ejus.*

« *Qui autem facit veritatem, venit ad lucem, ut manifestentur opera ejus, quia in Deo sunt facta.* »

Jésus à Nicodème. S. JEAN, ch. III, v. 20, 21.

expliquons les tables tournantes comme nous avons regardé, étudié, écouté, expliqué le magnétisme.

« La table, quand le mouvement s'opère, ne glisse pas sous les doigts de ceux qui l'entourent et la suivent en courant et en s'appuyant sur elle.

« Employons pour l'expérience des femmes vives, nerveuses, impressionnables, dont quelquefois la main plus prompte que la pensée a puni des téméraires : au bout de cinq minutes on sent le mouvement, on le suit, on marche, on court, on ordonne et la table obéit.

« Choisissons ensuite des femmes calmes, la table ne tourne pas.

« Quelquefois j'ai fait réussir des expériences en plaçant un jeune homme entre deux vieilles femmes. Le malheureux fait tourner bien vite pour terminer une séance qu'il craignait de voir se prolonger, et les deux vieilles, qui ont très-bien senti le mouvement, sont ravies d'avoir encore du fluide.

« L'expérience de la bague tenue au bout d'un fil réussit toujours, même quand la personne qui tient le pendule ignore l'ordre mental donné par ceux qui commandent les oscillations; car notre force musculaire est tellement habituée à seconder, presque sans effort, notre volonté, qu'il nous est difficile de vouloir une chose et d'agir dans un sens opposé. Si le pendule, que le moindre mouvement, même involontaire, agite, va du nord au sud sous l'influence de la personne qui le supporte, en cherchant l'ordre mental des autres, il change bientôt de direction si on ne paraît pas satisfait; mais quand on dit : Ah! voilà...... alors le mouvement s'accélère. La réussite est toujours complète, à moins qu'on n'appuie le pouce et l'index, qui tiennent le fil suspendant la bague, sur un support immobile; car, alors, malgré les commandements les plus énergiques, les volontés les plus puissantes, on arrive à l'immobilité.

« Pour faire tourner une table à droite, le petit doigt de la main droite de chaque expérimentateur doit être posé sur la table, et le petit doigt de la main gauche sur le petit doigt du voisin.

« Quand vient un peu de fatigue, on appuie généralement davantage sur la table que sur le doigt du voisin, et cette pression inégale aide le mouvement à droite.

« Ajoutons à cela que la chaîne formée autour de la table agit magnétiquement sur tous ceux qui la composent, et qu'un des effets les plus ordinaires du magnétisme est de donner à ceux qui sont sous son influence des mouvements soumis à la volonté du magnétiseur, ce qui peut se produire dans l'état de veille.

« Ceux qui entourent la table sont bientôt en rapport magnétique : les uns deviennent magnétiseurs, les autres magnétisés; la volonté de tous est de faire tourner la table; le mouvement involontaire s'opère, et des gens qui n'ont point voulu reconnaître les phénomènes du magnétisme crient au miracle, font lever un pied aux tables qui n'en ont que trois et obtiennent, par ce moyen, des réponses à des questions très-sérieusement posées.

« Un jour, pour me convertir, cinq jeunes femmes tournaient, avec une gaieté mêlée d'une certaine crainte, autour d'une table sur laquelle, depuis dix minutes, elles avaient posé les mains. — A gauche ! dit la plus vive, et la table changea de direction. — Arrête-toi !... et la table s'arrêta.

« — Eh bien ! monsieur l'incrédule, que direz-vous, maintenant ?

« — Mesdames, leur répondis-je, avez-vous vu quelquefois un jeune chat jouant avec un peloton qu'un coup de patte vient de faire rouler ? Le croyant animé, il le poursuit, mais recule effrayé quand, après avoir heurté un meuble, ce peloton revient menaçant vers lui.

« — C'est peu aimable de nous comparer à des chats !

« — C'est bien gracieux, mesdames, un joli petit chat, et il a les organes de la sympathie assez développés pour s'attacher jusqu'à la mort à la maison qu'il a adoptée ; mais c'est le peloton que je compare à la table.

« Armand HAREMBERT. »

—

III

RÉPONSE AUX OBJECTIONS DE M. R...

—

DÉFAUTS

Merci, Monsieur, pour les quelques objections que vous avez eu la bonté de m'écrire ; elles me prouvent tout l'intérêt que vous portez à ma doctrine et la crainte que vous avez de la voir compromise par quelques erreurs échappées à son auteur.

Je plains beaucoup ma chère céphalométrie de n'avoir pas un père plus puissant que moi, d'être sortie d'un cerveau où l'on ne remarque point la prédominence des organes de la mémoire des mots et de l'imagination, qui donnent à l'esprit le brillant avec lequel on attire, jusque sur des niaiseries, l'attention de la multitude ; mais on la félicitera, je l'espère, de ma persévérance et de ma foi en la sûreté de mes observations ; car j'ai résisté aux tiraillements de ceux qui voulaient asservir une reine future à leurs systèmes d'éducation, de politique ou de religion.

Vous vous trompez, Monsieur, lorsque vous attribuez à l'éducation la puissance de faire disparaître tous les défauts, de rendre forts les caractères faibles, etc. Si, dans les meilleurs établissements d'éducation, on donne aux jeunes filles à peu près la même écriture, la même tenue, la même réserve apparente, on n'arrivera jamais à donner à chacune d'elles le même esprit, les mêmes goûts, les mêmes aptitudes : en un mot, le même caractère, pas plus que le même visage et la même physionomie ; mais la bonne éducation saura toujours utiliser toutes les aptitudes et cultiver les organes faibles pour diminuer autant que possible les défauts.

VERTUS

Vous n'admettez point que, guidés par la raison, les instincts des hommes soient des vertus.

Le mot *vertu* est cependant le seul convenable ici. D'après plusieurs auteurs, il vient de VIR : *homme*, parce que l'homme seul possède des vertus, l'animal a des instincts. Les stoïciens définissent la vertu : le règne de la raison. La *charité* est une vertu théologale. Les vertus cardinales ou morales sont : la *prudence*, la *justice*, la *force*, la *tempérance*. Le mot vertu signifie encore : *pudeur, chasteté*. Ne sont-ce pas là les instincts de la *sympathie*, de la *circonspection*, de la *persévérance*, de l'*alimentivité*, de l'*amour* ennoblis par la raison? Ces instincts ne peuvent devenir des vertus que quand ils sont forts, parce que faibles ils constituent des défauts, et vertu signifie encore : *force*, *vigueur*, faculté, puissance d'agir..............

A. H.

IV

LETTRE A M. GENTIL SUR LE RATIONALISME SCIENTIFIQUE

Publiée par le journal *la Vie humaine* (maintenant *Journal des Initiés*), juin 1858.

Mon cher monsieur Gentil,

Je retrouve au milieu de mes papiers l'intéressant journal *la Vie humaine,* que vous avez eu la bonté de me communiquer.....

Son but est le plus utile; c'est par la moralisation de la société, de l'humanité que nous arriverons au progrès. La morale est le règne de la raison, puissante ennemie de toutes les erreurs, de tous les abus.

Si tous ceux qui ne peuvent plus *croire* l'*absurde,* qui veulent *savoir* le *réel* et entrevoir le probable, qui travaillent à remplacer le *croire* par le *savoir,* avaient un signe distinctif qui dirait à tous : Ceux-là ont abandonné l'antique lien des hommes ignorants à un dieu terrible et vengeur pour embrasser la religion universelle qui doit relier tous les hommes entre eux par le développement et les conquêtes de l'esprit, manifestation directe de Dieu, vérité et amour; cette association, en roulant sur la terre comme la boule de neige, deviendrait aussi grosse que le globe.

Dites de ma part à M. Riche-Gardon, rédacteur de cet

excellent journal : Courage, Monsieur, nous touchons à la victoire. Nous sommes les plus nombreux. Tous les hommes ont cet esprit de vérité qu'il ne s'agit que de réveiller; mais donnons à notre religion un nom définitif. Vous l'appelez *Union religieuse philosophique*; moi, je dis : *Rationalisme scientifique*, d'autres disent : *Religion naturelle*. N'oublions pas que l'union fait la force.

Reconnaissons que l'esprit, éternel ordonnateur, s'est incarné dans l'homme pour compléter, par les sciences et les arts, la création ininterrompue [1].

Prêchons la solidarité, le premier dogme de notre religion universelle. Démontrons que le travail, véritable prière qui rapproche l'homme de Dieu, est obligatoire pour tout le monde, et n'oublions jamais que les ténèbres de l'ignorance et de l'erreur s'annihileront naturellement, sans lutte, devant le flambeau de la vérité, si nous soufflons le feu que les chemins de fer et le télégraphe électrique feront rayonner sur toute la terre.

A. HAREMBERT.

Verneuil (Eure), juin 1858.

[1] Quoique l'homme doive reconnaître que discuter certaines questions en dehors de la portée de son esprit c'est perdre un temps précieux qui devrait être consacré au progrès de nos conquêtes dans le réel qu'il nous est donné de connaître et d'utiliser, je crois devoir dire ici que, par le mot *création*, il faut probablement entendre les combinaisons progressives de la matière, de la vie et de l'esprit s'harmonisant éternellement dans le temps et l'espace infinis selon des lois immuables inhérentes à leur existence; car l'esprit humain, éclairé par les conquêtes de la science, conçoit plus facilement l'éternité de l'univers infini que la *création* par un Dieu qui aurait existé dans le vide, toute une éternité antérieure à l'époque à laquelle il lui aurait plu de tirer le monde du néant.

Le besoin de croire à un Dieu indépendant de la nature qu'il dirige avec connaissance de cause peut être le pressentiment des connaissances auxquelles nous nous élèverons dans des mondes plus complets que le nôtre. Déjà nous pouvons entrevoir d'ici la possibilité du réveil de notre mémoire, qui seule est tout notre moi spirituel, dans d'autres corps destinés à nous mettre en rapport avec les sphères que nous pouvons avoir à parcourir. Pourquoi la nature, dont la puissance incalculable nous étonne, serait-elle moins admirable que notre imagination qui enfante de pareilles probabilités ?

V

LE CREDO DE JACQUES BONHOMME

PAR P. ALDONCE

Travail, Solidarité, Progrès!
Science du réel, foi au probable, oubli de l'absurde.
A. Harembert. (*Rationalisme scientifique.*)

Le pays n'est pas aussi démoralisé qu'on veut bien le dire.
M. Baroche. (*Au Sénat*, 22 février 1862.)

O mes enfants, écoutez ma parole,
Écoutez bien!
Il faut, pour vous, formuler un symbole :
Voici le mien,
Et gravez-le dans vos cœurs, pour confondre
Nos ennemis :
A leurs mépris, si nous voulons répondre,
Soyons unis,
Oui, soyons unis!

Je crois en Dieu, l'auteur de la nature,
Maître inconnu,
Mais dont le nom par toute créature
Est entendu,

Et dont la voix, dans notre conscience,
Parle toujours :
En ce Dieu-là je mets ma confiance,
Sans nuls détours,
Oui, sans nuls détours !

JE CROIS AU BIEN, JE CROIS A LA MORALE,
A LA VERTU :
Je hais le mal, j'abhorre tout scandale,
Tout cœur vendu.
Ce que je vois, j'aime en saisir la cause
Avec clarté :
Parlez, savants ! j'aime avant toute chose
La Vérité,
Oui, la Vérité !

JE CROIS AU VRAI, JE CROIS A LA SCIENCE,
A LA RAISON :
J'ai trop longtemps croupi dans l'ignorance,
Triste prison !
Travaillons tous, nous sommes solidaires,
Sort plein d'attraits !
D'un même chef soyons tous tributaires,
C'est le Progrès,
Oui, c'est le Progrès !

JE CROIS ENFIN A MON AME IMMORTELLE,
Reflet de Dieu,
Rayon divin de l'Ame universelle,
Céleste feu !
Je veux marcher à la vive lumière
Qui luit en moi
Et doit briller au delà de la terre :
Voilà ma Foi,
Oui, voilà ma Foi !

Je ne suis plus une bête de somme,
Serf ou vilain!
J'ai, Dieu merci! conquis mon titre d'homme,
De citoyen :
Si j'en suis fier, je dois m'en montrer digne,
C'est mon espoir :
Je veux en tout suivre la droite ligne
De mon Devoir,
Oui, de mon Devoir!

Je n'ai plus peur d'aucun croquemitaine,
D'aucuns tourments :
Des oppresseurs de la famille humaine
Vils instruments!
Puisant le bien à sa source plus pure,
Dans ma maison,
Je crois en Dieu : sa voix, dans la Nature,
C'est la Raison,
Oui, c'est la Raison[1]!

[1] Ce *Credo* fait partie de la première livraison des chansons rationalistes intitulées : *le Bon Sens populaire,* en vente chez Gauvin, éditeur, Palais-Royal, péristyle de Chartres, 11 et 12, à Paris.

———

VI

LISTE CHRONOLOGIQUE

DES AUTEURS MORALISTES OU PHILOSOPHES, PHYSIOLOGISTES OU PSYCHOLOGUES QUI ONT ABORDÉ OU TRAITÉ PLUS OU MOINS DIRECTEMENT, PLUS OU MOINS PARFAITEMENT LA LOCALISATION DES ORGANES DU CERVEAU, D'APRÈS LE DOCTEUR BUEUNAICHE DE LA CORBIÈRE, ANCIEN PRÉSIDENT DE LA SOCIÉTÉ PHRÉNOLOGIQUE DE PARIS [1]

Salomon, Pythagore, Hippocrate, Démocrite, Parménide, Empédocle, Cicéron, Platon, Aristote, Hérophile, Apolonius de Rhodes, Philon le Juif, saint Paul, Galien, Porta, Eusèbe, Némésius, saint Grégoire de Nysse, saint Augustin, Hugues de Saint-Victor, saint Chrysostôme, Avicenne, saint Ambroise, Averrhoès, saint Bernard, Saturnin, Théodoric, Ghiradelli, Helvétius, Pernety, Delaroche, Villers (Ch.), Moreschi, Suë (G.-G.), Mayer, Hacquart, Plana, Dupont de Nemours, Demoulins, Mojon, saint Thomas, Duns-Scott, Albert le Grand, A. Warne, Cureau de la Chambre, Mondini, Béranger de Carpi, Ludovico Dolci, Guy de Chauliac, Fernel, Driander, Montagnana, Argentier, Bernard Gordon, Michel Servet, J. Huarte, Vieussens, Mich. Montaigne, Descartes, Colombo, Willis, Boerhaave, Diemerbroek, Swendenborg, Vockerodt, Carpus, Malebranche, Condillac, Van Swieten, Camper, Luzzi, Wepfer, Baglivi, Willich,

[1] *De l'Influence que doit exercer la Phrénologie*, p. 127. Paris, 1854.

Haller, Ch. Bonnet, Lichtenberg (G.-C.), Soemmering, Herder, Platner, Lavater, Servetto, Reid, Dugald Stewart, Hutcheson, Condorcet, Leibnitz, C.-G. Leroy, Lapeyroney, Lancisi, Cabanis, Pinel, Kant, Chaussier, Desmoulins, Bloëde, Besnard (l'abbé), Rayer, Moulin, Friedlander, Limauge, Froriep, Walter, Prichard, Collyer, Edgeworth, Forni, Philostratus, de Rolandis, Rolando, Treviranus, Arsaky, Mayer, Feuerbach, Destutt de Tracy, Hufeland, Walter, Tiedemann, Rudolphi, Coster, de Gérando, Prochaska, Adelon, Burdach et Baer, Meckel, Malacarni, Gall, Chanet, Wisberg, *Spurzheim*, Cuvier, Geoffroy-Saint-Hilaire, baron Larrey, Edvards (W.-F.), Martine, Sommé, Ueccelli, Guislain, Marc, Forster, Montesanto (G.), Restani (l'abbé), Ottin, Trompeo, Ackermann, Platner, Carus, Oken, Fodéré, *Serres*, Lordat, Demangeon, Curt-Sprengel, Ch. Bell, Duméril, Daubenton, *Flourens*, Virey, Lobstein, Ewrard Home, Ancillon, Georget, Falret, Delpit, Lallemand, Magendie, Bischoff, Blainville, Richerand, Villermé (J.-B.), Brachet, Boisseau, Esquirol, Edvards (H.-M.), Jourdan, Dannecy, *Fossati*, *Vimont*, *G. Combe*, *A. Combe*, Elliotson, Bailly (de Blois), Receveur, Imbert, Ferrus, Otto, *Voisin*, Sarlandière, Leuret, Lelut, Fovelle et Pinel, *Broussais*, C. Broussais, Bouillaud, Andral, Rostan, Geoffroy-Saint-Hilaire (Isidore), Foissac, Longet, Las Cases (Emm. de), *la Corbière*, Marcel Gaubert, Mége, Harel, Brierre de Boismont, Cerise, Calmeil, Belhomme, Debout, Dumoutier, Auzoux, Cellier du Fayel, Pigeaire, Amaducci, Wenzel, Biver, Lawrence, Cazin, Guillot, Halbraith, Barlow, Ellis, Inglis, Makintosh, Veikard, Gabillot, Stewart (James), l'archevêque de Dublin, Frère (l'abbé), W. Neilham, Martell (G.), Bory de Saint-Vincent, David Richard, Deville,

Frappart, Wins (C^lle^), Fourcaud, Boyvin, Crull, Cruitskank, Abernethy, Caldwell, Sympson, Labbey, Brigham, Bray, Browne, Baudoin, *Bruyères*, Serrurier, l'abbé Forichon, Garnier, Marchal de Calvi, Descuret, Labbey, Faure, Place, Berigny, Chenevix, Thommasini, Rancaat, Polli, Thoré, Delcour (jeune), Scoutetten, Bonacossa, Molossini, Makensie, Appert, Boisseul, Abercrombie, Chaussier et Morin, Giacoma (Prevosto), Bessieres, Broc, Étoc-Demazy, Ferrarêse, Macnish (Robert), Gervais de Fresville, Canziani (G.), Toulmin, Smith, Bellingeri, Bovio, Parma, Azaïs, Bourdon, van Smygenhoven, Roussel, Lebeau, Poole (Richard), Weir (William), Scott (James), Maclaren (Ch.), Pellizzari, Wildsmith, Riboli, Miraglia (B.), Ferrier de Tourrettes, Valentin, Straton (Jam.), Chavée (l'abbé), d'Œger (l'abbé), Robiano (l'abbé), le R. P. Lacordaire, Noble, Jobert (de Lamballe), Duboys (d'Amiens), Poupin, Müller, Berard, de Montègre, Parchappe, Noël, Gerdy, le Rousseau, Béraud, *Armand Harembert*, Idjiez, *Cubi i Soler*, Dunbar (J.-R.-V.), Wolkoff, Scondi (G.), Engleduc, Prideaux, Verga, Pers y Ramona, Merone, etc., etc.[1]

[1] M. le Dr de la Corbière a omis dans cette liste Pierre Charron, qui a écrit en 1601 le fameux *Traité de la sagesse*, dans lequel on lit : « Le siége de l'âme raisonnable *ubi* « *sedet pro tribunali*, c'est le cerveau et non pas le cœur..... Le cerveau, qui est plus « grand en l'homme qu'à tous animaux, pour être bien fait et disposé, afin que l'âme « raisonnable agisse bien, doit approcher de la forme d'un navire et n'être point rond, « ni trop grand ni trop petit, etc. » Il faut citer aussi le Dr Castle, auteur de la *Phrénologie spiritualiste*. (Paris, 1862.)

TABLE DES MATIÈRES

Evreux, A. Hérissey, imp. — 862.

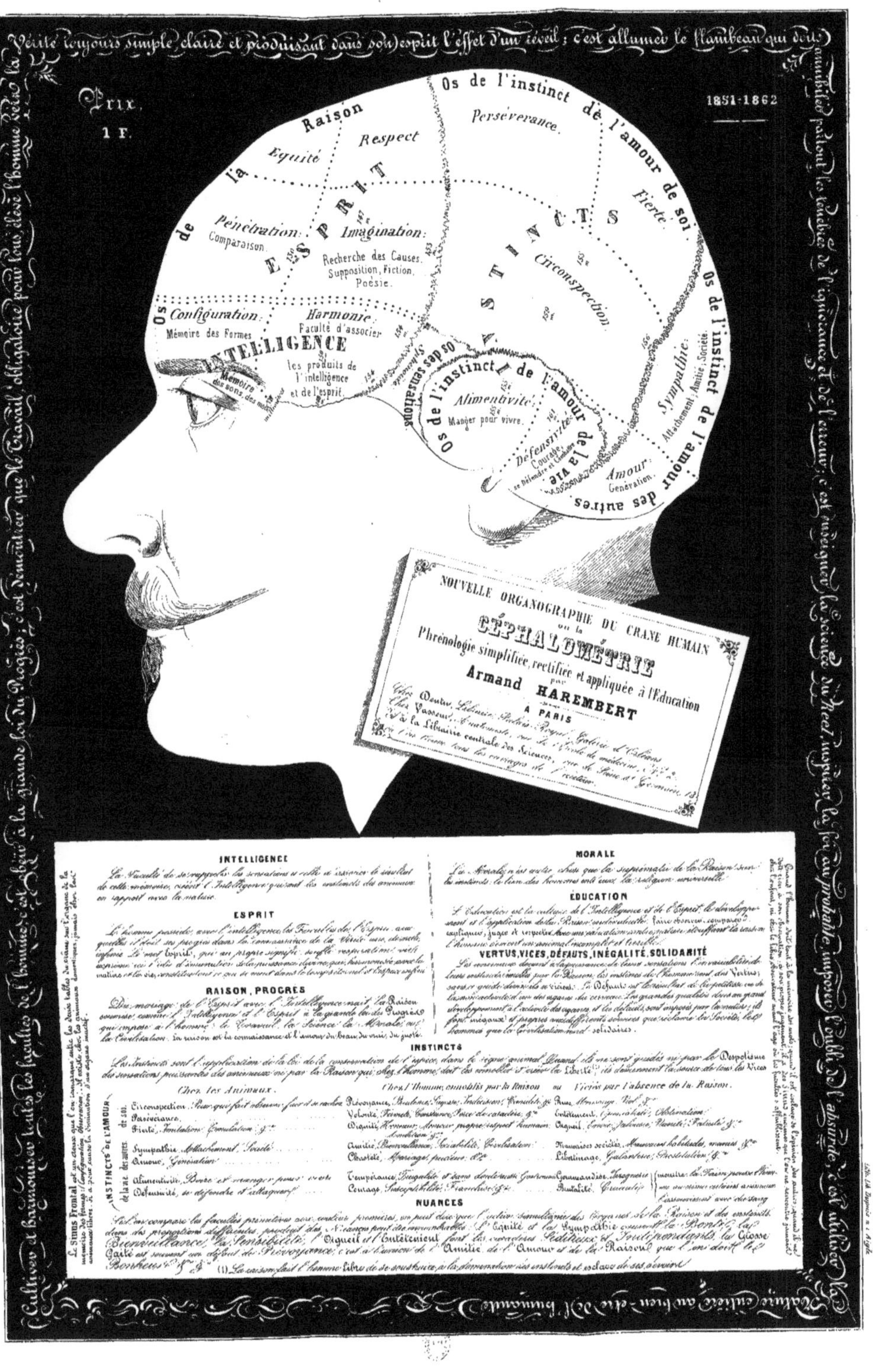

Prix. 1 F.
1851-1862
Os de l'instinct de l'amour de soi
Raison
de la
Respect
Equité
Persévérance.
Fierté
ESPRIT
Pénétration:
Comparaison.
Imagination:
Recherche des Causes.
Supposition, Fiction,
Poésie.
INSTINCTS
Circonspection
Os de l'instinct de l'amour des autres
Sympathie:
Attachement; Amitié; Société.
Configuration:
Mémoire des Formes
Harmonie:
Faculté d'associer
INTELLIGENCE
les produits de
l'intelligence
et de l'esprit.
Mémoire
des sons, des mots
Os des sensations
Os de l'instinct de l'amour de la vie
Alimentivité:
Manger pour vivre.
Défensivité:
Courage.
se Défendre et Combattre
Amour:
Génération.
NOUVELLE ORGANOGRAPHIE DU CRANE HUMAIN
ou la
CÉPHALOMÉTRIE
Phrénologie simplifiée, rectifiée et appliquée à l'Éducation
par
Armand HAREMBERT
A PARIS
INTELLIGENCE
ESPRIT
RAISON, PROGRÈS
MORALE
ÉDUCATION
VERTUS, VICES, DÉFAUTS, INÉGALITÉ, SOLIDARITÉ
INSTINCTS
Chez les Animaux.
Chez l'Homme, ennoblis par la Raison
ou
Viciés par l'absence de la Raison.
INSTINCTS DE L'AMOUR
NUANCES

www.ingramcontent.com/pod-product-compliance
Ingram Content Group UK Ltd.
Pitfield, Milton Keynes, MK11 3LW, UK
UKHW020330230726
13925UKWH00002B/729